Le culture del cibo

Antonio Vittorino Gaddi •
Claudia Fragiacomo • Raffaele Iavazzo

Le culture del cibo

Salute e nutrizione, tradizioni, emozioni

Antonio Vittorino Gaddi
Università degli Studi di Bologna
Bologna

Claudia Fragiacomo
Farmacologa e Specialista in Scienza dell'Alimentazione
Chiasso-Lugano
Svizzera

Raffaele Iavazzo
Psichiatra
Disturbi della Condotta Alimentare (DCA)
DSM Azienda Ospedaliera S. Anna
Como

ISBN 978-88-470-5446-2
ISBN 978-88-470-5447-9 (eBook)
DOI 10.1007/978-88-470-5447-9

Springer Milan Dordrecht Heidelberg London New York

9 8 7 6 5 4 3 2 1   2013 2014 2015 2016

Layout copertina: Ikona S.r.l., Milano
Impaginazione: Graphostudio, Milano

Springer-Verlag Italia S.r.l. – Via Decembrio 28 – I-20137 Milan
Springer is a part of Springer Science+Business Media (www.springer.com)

Prefazione

Nella cultura occidentale il cibo è stato celebrato come fondamento della salute e del benessere del corpo. "Mente lieta, quiete e dieta giusta" sono, secondo la Scuola Medica Salernitana (1100 d.C.), il rimedio ottimale per vivere in piena salute in assenza di medici; così anche nei secoli precedenti ("fa che il cibo sia la tua medicina", diceva Ippocrate) e in quelli successivi. Nella storia antica e recente delle culture occidentali veniva prestata grande attenzione alla selezione, preparazione e conservazione dei cibi, alla loro utilizzazione come cura per le malattie o come presidio fondamentale per i convalescenti.

La condivisione del cibo tra tutti, caratteristica delle prime comunità cristiane o, al contrario, la sua conservazione in depositi quasi blindati riservati all'uso di pochi, hanno profondamente segnato i rapporti sociali tra strati diversi della popolazione, con un'infinità di varianti nel corso dei secoli, mentre intere generazioni di affamati si susseguivano e quasi inseguivano lungo lo scorrere della storia.

Nel medio evo, in gran parte dell'Europa, i monasteri divennero vere e proprie "roccaforti della cultura del cibo" dove si affinava l'arte di prepararlo e cucinarlo, di estrarne principi attivi (si pensi agli infusi e alle soluzioni idroalcooliche), di conservarlo in maniera corretta in funzione della disponibilità stagionale, creando riserve per la distribuzione ai poveri e agli affamati nei momenti di carestia. Il bilanciamento della dieta veniva studiato in funzione delle risorse disponibili, delle stagioni e dei fabbisogni dei destinatari.

Lo stretto legame tra fame, necessità di sostentamento, paura di perdere la salute (in epoche in cui la medicina aveva poche altre frecce al suo arco) e disponibilità di risorse alimentari ha fortemente influenzato il modo di considerare il cibo e, quindi, il significato del mangiare o dello stare assieme. Alle situazioni di carenza si sono sempre contrapposte descrizioni favolose di abbuffate per il pieno appagamento di tutti i sensi (non solo dell'appetito): i banchetti, a volte ristretti alla cerchia dei patrizi e dei cavalieri, altre volte aperti al popolo, altre ancora romanzeschi, come quelli di dimensione pantagruelica, che saziavano – se non la fame – almeno l'immaginario collettivo. Ma anche situazioni intermedie, come in tutte le feste popolari e le sagre, ancora attuali.

I fattori che hanno giocato lungo la storia degli ultimi due millenni, in particolare nelle aree di cultura greca e latina, sono stati numerosi e non basterebbe un trattato a enumerarli tutti. Ve ne è memoria anche in quelle interminabili serie di consigli, precetti, proverbi, massime, se non di vere indicazioni mediche, restrittive o meno, che nei secoli si sono confuse e mescolate con precetti a valenza religiosa o igienica o dettati dalle necessità.

Quasi sempre, però, le raccomandazioni e i motti tramandati dalla tradizione, fortemente derivanti da una visione dicotomica del cibo (come rimedio fondamentale minimo alla fame, che è sempre stata il peggior nemico dell'uomo, o, al contrario, come segno di potere e di abbondanza destinato al piacere) hanno invaso un poco il campo e allontanato molti dal riflettere sul vero significato del cibo: significato profondo, radicato non solo nella cultura, ma nella psicologia di ognuno di noi. E, in qualche caso, hanno portato a una visione dissociata o pregiudiziale del possibile significato (e quindi del profondo valore) del cibo e del mangiare.

Pellegrino Artusi, alla fine del 1800, denuncia alcuni aspetti contraddittori del "mondo ipocrita" che non vuol dare "importanza al mangiare" e precisa poi "che però non si fa festa, civile o religiosa, che non si distenda la tovaglia e non si cerchi di pappare del meglio". È festa, bisogna apparecchiare bene... e condividere la gioia e la serenità del momento conviviale.

Ecco, quindi, che l'atto che tutti gli uomini compiono da millenni tutti i giorni della loro vita, nel bene e nel male, nel molto e nel poco, riesce a esplicitare i suoi significati, che sono poi quelli che noi gli diamo, e può fungere da amplificatore di emozioni, di ricordi, di sentimenti.

Ottantamila volte (nella vita) ognuno di noi entra in contatto con il cibo, da quando sta poppando il suo latte a quando intravede, sfocato, il cucchiaio di pastina offerto da un'infermiera premurosa. Questo ripetersi cadenzato non può non avere le più profonde e rilevanti ricadute per l'individuo; non può restare "scisso" dal suo significato personale e sociale. Anche perché il mangiare unisce la necessità evolutiva di mantenersi come individui (diciamo l'appetito), se non di sopravvivere (quando i morsi della fame possono far fare pazzie), alla necessità di condividere con altri e di socializzare (e il mangiare acquisisce così un significato anche etico) fino all'opportunità di gratificare abbondantemente, almeno qualche volta, una pulsione psico-organica (il gusto). Queste cose, ovviamente, non sono distinte e più spesso i confini tra l'una e l'altra non sono definibili.

Da non trascurare anche la profonda e poco esplorata radice genetica e l'evoluzione genetica ed epigenetica del mangiare: l'alimentarsi è l'atto basilare per consentire l'ontogenesi, così come la riproduzione (la sessualità) è l'atto irrinunciabile per la filogenesi. *Condicio sine qua non* per l'esistenza delle specie e, quindi, degli individui.

Mangiare modifica l'assetto endocrino-metabolico, psico-neurologico (insieme a tutti gli altri) in modo drammatico, muovendo nell'organismo centinaia di reazioni a catena. Mangiare è forse uno degli atti più complessi e più regolati della vita dell'individuo, sia dal punto di vista fisiologico e genetico, sia da quello culturale.

Ciononostante, alcuni fattori, pur importanti e reali come quelli accennati sopra, hanno fatto da schermo agli occhi di tutti noi e hanno impedito di *coglierne tutto il significato.*

Mangiare: l'analisi interpretativa di questo "comportamento fondamentale dell'uomo", "comportamento di alta complessità", si è soffermata più sul cercare classificazioni in base a categorie etiche, a valutazioni di comportamenti, di regole economiche e sociali, o di "diritti", che non alla ricerca (e, direi, alla riscoperta) del suo significato profondo.

In altre aree del mondo e in altre culture, ove il tempo della storia ha seguito strade del tutto diverse, le identità e i significati del mangiare sono, al contrario, stati messi in evidenza, spesso anche attraverso ritualizzazioni complesse; si sono mantenuti di più nella cultura popolare e si conservano tuttora.

Il cibo non è solo qualcosa da masticare (manducare, mangiare) ma assume significati personali e sociali, e richiede un'armonia di fondo con altri aspetti del comportamento umano; lo ribadisce proprio la citata regola Salernitana: ambiente tranquillo, mente serena e buona dieta, tutti assieme per stare veramente bene.

La prospettiva etnoculturale che si va delineando oggi, e che riguarda la percezione della salute e del benessere, le abitudini alimentari, i comportamenti sociali a queste correlati, certamente contribuiranno alla descrizione e alla riscoperta dei valori e dei significati del cibo, che viene massimamente espressa dalle ricette, intese come ricerca e raccolta del cibo, come ambiente in cui si cucina, come preparazione del cibo e come rito del consumarlo.

La prospettiva delineata da questo libro è lievemente diversa da quella etnoculturale; essa è più diretta, e si fonda sul presupposto teorico, a mio avviso fortissimo, che le donne e gli uomini di ogni popolo e di ogni età possano comunicare direttamente i valori, e quindi possano condividerne/parteciparne i significati senza la mediazione di alcun elemento culturale o di alcuna scienza specifica. E assume che questa "partecipazione" (di elementi cognitivi ed emotivi, di empatie, di ricordi, ecc.) possa essere mediata non solo dalla parola, ma anche attraverso la tradizione del cibo e il rapporto con il cibo.

Questa prospettiva non deve sembrare eccessiva. La parola, nei suoi più profondi significati, ci è stata confusa grazie all'azione di divisione dei popoli che forse parte da Babele e forse dai percorsi evoluzionistici e migratori delle singole culture. E, pur rappresentando lo strumento principe della comunicazione umana, a volte risulta più complessa e meno efficace di quanto ognuno di noi vorrebbe.

La sperimentazione del mangiare e del capire come quel nostro amico vive, cosa prova, e come provarlo assieme, è forse più semplice. E non è meno importante della parola, se consideriamo la profonda radicazione genetica e culturale e la reiterazione lungo la vita del gesto del mangiare.

È in quest'ottica che l'ideatrice di questo volume ha voluto dare la parola ai pazienti-amici incontrati nel corso della sua attività, che si sono espressi, appunto, attraverso ricette della loro terra.

Forse un domani la condivisione di altri vissuti essenziali potrà consentire una maggiore comprensione reciproca.

Forse l'avvento di tecnologie molto potenti che consentono lo scambio e la manipolazione di contenuti "esterni" all'individuo (seppur utili, come la musica o le immagini) contrasterà o sostituirà i mezzi semplici, e per questo efficaci, di condivisione diretta dei valori, tra uomini, che qui proponiamo. Ma difficilmente potrà sostituire una buona tavola imbandita e un buon bicchiere di vino che, come pare dicesse Galileo Galilei "è la luce del sole tenuta insieme dall'acqua".

Luglio 2013

Antonio Vittorino Gaddi
Claudia Fragiacomo
Raffaele Iavazzo

Indice

Salute e nutrizione

1

Antonio Vittorino Gaddi
con la collaborazione di Fabio Capello[1], Paola Gaddi[2]

1.1 Esiste la ricetta del benessere?

Questa storia inizia da molto lontano. In un tempo in cui l'uomo viveva circondato da una natura indomita, e dove ogni giorno era l'inizio di una nuova lotta per la sopravvivenza. Come gli animali che lo circondavano, egli era costretto a procacciarsi il cibo ogni giorno, a rintanarsi in ripari naturali, e ad affrontare passivamente le intemperie. Aveva pochi strumenti, che egli stesso era riuscito a inventare, e che lentamente gli avevano concesso quel margine di vantaggio che il suo fisico non poteva garantire nei confronti di ben più temibili predatori.

L'uomo però non si accontentò di adattarsi alla natura. Prima cercò di trovare strumenti sempre più efficaci per difendersi da essa, poi imparò a plasmare il mondo in base alle sue esigenze. Al posto dei ripari naturali costruì capanne, e poi case. Per facilitare il suo lavoro inventò e realizzò utensili sempre più complessi, in grado di aiutarlo nelle sue attività di ogni giorno.

Se prima viveva di caccia e della raccolta di piante che nascevano spontaneamente ed era costretto a spostarsi periodicamente ogni volta che il cibo finiva, con il tempo imparò a coltivare ciò di cui aveva bisogno, ad allevare gli animali che poi usava per mangiare o per svolgere lavori pesanti, e a costruire tutte quelle strutture, come canali di irrigazione, pozzi o acquedotti, che gli consentissero di rimanere stabilmente in un posto.

[1] CERN, Geneva (CH) (Communication Team).
[2] Mary Immaculate Hospital, Mapourdit, Repubblica del Sud Sudan.

A. V. Gaddi (✉)
Università degli Studi di Bologna
Bologna
e-mail: antonio.gaddi@uni.bo.it

A. V. Gaddi, C. Fragiacomo, R. Iavazzo, *Le culture del cibo*,
DOI: 10.1007/978-88-470-5447-9_1, © Springer-Verlag Italia 2013

In questa ricerca verso il benessere, anche il suo modo di vivere e di relazionarsi con gli altri necessariamente cambiava; prima si organizzò in tribù e clan, poi in società sempre più complesse, alle quali dava regole che lo aiutassero a migliorare la vita di ogni individuo.

Nei secoli, gli strumenti a disposizione del genere umano in questa eterna ricerca sono cresciuti a dismisura. Le esigenze che egli sentiva di dover soddisfare non erano più solo quelle primarie, come la ricerca del cibo o di un riparo per la notte. Poco alla volta, scopriva nuovi bisogni che andavano al di là della lotta per la sopravvivenza di ogni giorno e valicavano i confini delle necessità materiali.

Nacquero così la filosofia, la scienza, la teologia, la medicina e, in un futuro più lontano, la psicologia, la cibernetica, l'antropologia, l'informatica, che si professavano capaci di dare risposte e soluzioni a molti dei quesiti che ci si poneva.

Tuttavia, se grazie a scoperte e invenzioni lo stile di vita migliorava nei secoli, la ricerca del benessere non si fermava.

1.2 Salute e malattia

C'è un altro aspetto della vita di ogni giorno con il quale l'uomo, nel corso dei secoli, ha sempre dovuto fare i conti. Perché, anche se tutti i suoi bisogni venivano via via soddisfatti, un pericoloso nemico contro il quale aveva sempre avuto poche armi continuava a sopravvivere come un'ombra alle sue spalle. Malattie e pestilenze, che colpivano isolatamente o a ondate, erano i nemici invisibili che segnavano il passo delle civiltà. Ogni popolazione inventò, quindi, i propri rimedi per sconfiggere questi mali. Alcune provarono con la magia, altre con idoli e amuleti, altre mettendo al centro l'uomo, i suoi equilibri e le sue energie interiori, altre ancora intuirono che per combattere la malattia era indispensabile comprenderne la causa, e si trovarono ad applicare il metodo scientifico anche alla medicina.

Con il tempo, le malattie non erano più un mistero oscuro e arcano, ma fenomeni che egli comprendeva a riusciva a combattere. Tuttavia, proprio il miglioramento generale delle condizioni di vita ha fatto riemergere, oggi come non mai, il bisogno e il desiderio di salute.

Se, da un lato, abbiamo acquisito gli strumenti adatti a combattere alcuni di quei vecchi mali che ci hanno accompagnato nella storia dell'uomo, dall'altro abbiamo visto affacciarsi all'orizzonte nuovi e più temibili nemici. Malattie dai nomi terribili che sentiamo pronunciare tutti i giorni, come infarto, cancro, ictus, diabete, o quelle causate da incidenti stradali o dallo stress sono in buona parte figlie della società moderna.

Alimentazione sbagliata, inquinamento, vita sedentaria, fumo, alcool sono solo alcuni dei fattori che gli scienziati di tutto il mondo hanno individuato come colpevoli. Ed è strano pensare come una parte del mondo lotti contro gli effetti dannosi di questo finto benessere mentre, dall'altro lato, un'enorme fetta dell'umanità è ancora afflitta dai mali dell'antichità. Per questa ragione, la ricerca della salute può diventare il punto d'incontro tra società e culture differenti. Come abbiamo visto, non è un caso che ogni popolo o cultura abbia elaborato nel tempo una propria medicina.

Oggi siamo riusciti a comprendere molti di quei meccanismi che stanno alla base delle malattie, e per tante è stato possibile trovare una cura efficace. Tuttavia, questa conoscenza non è ancora disponibile per tutti. Così, in un mondo fatto di tante realtà, dove diverse civiltà e culture convivono, la salute non dovrebbe essere solo la lingua comune, ma una vera e propria moneta di scambio.

Eppure, la salute non può essere solo la mancanza di malattia. Il benessere, inteso in tutte le sue forme, è possibile non solo quando un individuo è sano, ma quando egli sta e si sente bene. Quando non ha malattie, appunto, ma anche quando si sente inserito nella società, quando riesce a trovare la sua armonia interiore, quando si sente appagato, divertito, culturalmente stimolato. Devono, quindi, esistere fattori sui quali sia possibile agire e che possano aiutare l'uomo a stabilire e trovare questo equilibrio da sempre ricercato.

1.3 La nutrizione intelligente

La prima idea che verrebbe in mente è che sia la mancanza di cibo a provocare il maggior numero di morti, come avviene nelle grandi carestie, o in molti paesi in via di sviluppo dove non c'è abbastanza cibo per tutti. In realtà il problema è, come vedremo, molto più profondo. Perché la malattia non nasce solo dal ridotto apporto di cibo, ma anche dal suo sbagliato introito. Questo può voler dire che in alcune società si mangia a sufficienza, ma si introducono poche vitamine, sali minerali o proteine, per esempio. Oppure che in alcune realtà sia eccessivo l'apporto di grassi e carboidrati. La cattiva qualità di ciò che si mangia sembrerebbe quindi pericolosa, nel lungo termine, come la mancanza di cibo.

Nei paesi che culturalmente fanno eccessivo uso di grassi di origine animale, per esempio, si muore di più per malattie cardiovascolari. Nelle stesse società occidentali, poi, si assiste da qualche tempo al fenomeno per cui sono le classi meno abbienti quelle che si alimentano peggio. Non tanto perché non riescono a introdurre cibo a sufficienza, come si potrebbe pensare, ma proprio per l'assunzione di alimenti di cattiva qualità, spesso ricchi di zuccheri e grassi. Alcuni dati, infatti, mostrano come l'obesità e le malattie a essa legate siano maggiormente presenti nei ceti meno abbienti.

Oggi la ricerca, infatti, scopre sempre più spesso come alcuni alimenti favoriscano lo sviluppo di diverse famiglie di malattie, sia per eccessivo che per insufficiente apporto (Tabella 1.1). Accanto a questo, poi, esistono sostanze e nutrienti presenti naturalmente in alcuni cibi, che si dimostrano protettrici nei confronti di alcune malattie.

Che una migliore alimentazione sia alla base di un corretto stile di vita lo

Tabella 1.1 In azzurro sono riportati i difetti alimentari e le malattie ad essi correlate tipici dei paesi industrializzati, in verde quelli tipici dei paesi in via di sviluppo e in giallo quelli che possono manifestarsi in entrambe le realtà

Alimento imputato	Errore alimentare	Conseguenza/malattia
Formaggi **Grassi (vegetali e animali)**	Eccessiva introduzione di grassi	Obesità Malattie cardiovascolari
Uova **Formaggi** **Grassi animali**	Eccessiva introduzione di colesterolo	Malattie cardiovascolari
Carne **Legumi**	Eccessiva introduzione di proteine	Gotta
Legumi, verdura	Mancato apporto di fibre	Stitichezza Cancro al colon
Salumi **Carne**	Eccessivo apporto di grassi saturi e colesterolo	Malattie cardiovascolari Obesità Tumore al colon
Alcool	Eccessivo apporto	Dipendenza Coma etilico Delirium Malattie del fegato (steatosi, cirrosi, tumore) Malattie cardiovascolari
Snack salati	Eccesso di grassi, eccesso di sale	Obesità Ipertensione arteriosa
Latte e derivati	Mancato apporto di calcio	Osteoporosi Rachitismo
Carni rosse o elementi ricchi di ferro	Mancato apporto di ferro	Anemia sideropenica
Sale iodato	Mancato apporto di iodio	Gozzo tiroideo
Alimentazione non variegata	Alimentazione non variegata	Kwashiorkor Pellagra Beri-beri Avitaminosi Anemia Scorbuto Rachitismo
Verdure e frutta	Mancato apporto di vitamine	Cancro al colon Stitichezza Avitaminosi: - Cecità (deficit vitamina A) - Anemia perniciosa (deficit vitamina B) - Scorbuto (deficit vitamina C) - Rachitismo (deficit vitamina D)
Tutti	Visione distorta dell'alimentazione	Anoressia, bulimia, iperfagia

(*cont.*) →

Tabella 1.1 (*continua*)

Funghi, piante (fitoterapia)	Introduzione di tossine	Avvelenamenti Morte improvvisa
Tutti	Eccessivo apporto	Obesità Sindrome di Pickwick Difficoltà respiratorie Sindrome delle apnee ostruttive durante il sonno Problemi scheletrici (deformità, mal di schiena, problemi ossei e articolari) Problemi psicologici
Alimenti per l'infanzia	Errata introduzione nella dieta del bambino in base all'età (troppo precocemente, troppo tardivamente, in maniera eccessiva o inadeguata, in maniera non equilibrata)	Enterocolite necrotizzante Allergie e intolleranze alimentari Problemi gastrointestinali Problemi renali Anemia Ritardo di crescita Carenze nutrizionali
Cereali contenenti glutine	Nessuno	Celiachia (in soggetti predisposti)
Qualsiasi	Nessuno	Allergia/intolleranza (in soggetti predisposti)
Alimenti mal conservati	Introduzione di alimenti contaminati da microrganismi o da agenti inquinanti	Gastroenteriti Intossicazioni Sindrome uremico-emolitica Epatite A

dimostra il fatto che nell'ultimo secolo, in media, si è diventati più alti e (pare) anche più intelligenti. I bambini di inizio Novecento crescevano meno, raggiungevano la maturità sessuale più tardi, ed erano mediamente meno intelligenti. Questo fenomeno è stato analizzato dallo studioso neozelandese James R. Flynn, il quale ha notato che, con il passare degli anni, il quoziente di intelligenza medio della popolazione aumenta. In base a queste osservazioni si è iniziato a parlare di *effetto Flynn*, la cui causa è ancora oggi oggetto di studio.

Molti fattori sono stati considerati per spiegare tale fenomeno. Stimoli culturali via via più intensi, la scolarizzazione della popolazione o il cambiamento dell'espressione di alcuni geni sono stati presi in considerazione. Tuttavia, dalle ricerche svolte, l'unico elemento che parrebbe spiegare queste differenze nel giro di così poche generazioni sembrerebbe legato all'alimentazione. In particolare, quella della mamma durante la gravidanza e quella dei primi due anni di vita del bambino. A conferma di questo, si è visto che, in alcune aree, i bambini nati durante la seconda guerra mondiale (quando, cioè, la disponibilità di cibo era diminuita considerevolmente) mostravano, una volta diventati adulti, un quoziente intellettivo più basso rispetto alle generazioni immediatamente precedenti o successive.

Vero è che i nostri bambini (e non solo loro) oggi mangiano meglio di quelli nati un secolo fa. Sia perché la disponibilità di cibo è maggiore (in passato, per esempio, la carne o il pesce erano generalmente assenti sulle tavole), sia perché negli ultimi anni l'attenzione verso ciò che viene consumato nella dieta è aumentata. L'alimentazione, pertanto, risulta essere punto chiave nell'evoluzione dell'essere umano e nella ricerca del benessere.

1.4 Le malattie nel mondo di ieri

In passato si moriva per malattie infettive, incidenti, denutrizione o a causa della guerra. Le condizioni igieniche erano spesso scarsissime: poche erano le case con acqua corrente, pochissime quelle con bagno privato; oppure si viveva addirittura in grandi comunità (si pensi ai bassifondi inglesi, gli *slums*); tutto questo facilitava enormemente il diffondersi di malattie contagiose, non soltanto da uomo a uomo, ma anche dagli animali all'uomo (le cosiddette zoonosi).

Accanto a questo, c'era il problema degli scarsi mezzi di sussistenza. I bambini mangiavano poco, l'alimentazione era normalmente priva di carne. Latte e formaggi non si trovavano e anche le verdure erano spesso usate in zuppe o minestre che fornivano poca sostanza. Agricoltura e allevamento erano ancora vicini ai modelli medioevali, e non si possedevano le conoscenze o le tecnologie per aumentare le produzioni di alimenti.

Nei periodi di guerra, poi, le cose si complicavano ulteriormente. La popolazione moriva per carestie, per la mancanza di approvvigionamenti, per gli scontri che difficilmente risparmiavano i civili. Solo un secolo fa, insomma, si moriva molto più giovani, e solo una piccola parte della popolazione riusciva ad arrivare all'età anziana.

Oggi, la scoperta di nuovi farmaci (come gli antibiotici che si sono dimostrati armi efficaci per combattere le malattie infettive), il cambiamento delle condizioni di vita e l'avvento di nuove tecnologie, come pure le nuove scoperte, hanno permesso alla durata ma anche alla qualità della vita di aumentare nel tempo.

Nuovi stili di vita si sono affermati. Case più calde e accoglienti, alimenti disponibili in quantità adeguate, prodotti di igiene di facile reperibilità, industrie ad alta produttività e macchine che semplificavano la vita di ogni giorno hanno fatto sì che l'uomo iniziasse a vivere meglio. Molte di quelle cause di malattia, contro cui in passato non si poteva fare niente, riuscivano ad essere evitate. Lentamente, poi, anche l'idea di prevenzione si faceva strada, e la salute dei cittadini veniva assicurata non solo quando la malattia era già comparsa, ma anche prima. Si imparava, cioè, che eliminando le cause note che potevano portare a malattia, si poteva proteggere la salute in maniera più efficace.

Una società sempre più ricca, e in cui i prodotti alimentari erano facili da trovare e i farmaci consentivano di vivere più a lungo, avrebbe dovuto portare al completo benessere. Tuttavia, questo non succedeva. O meglio, nuovi pericoli erano in agguato dietro l'angolo.

1.5 Le malattie nel mondo di oggi

Nonostante il fatto che nelle cosiddette società civilizzate si viva più a lungo, la battaglia contro la malattia non è certamente stata vinta. Se si osservano le Figure 1.1 e 1.2 (estrapolate direttamente da dati riportati dalla WHO [1]), salta all'occhio come i paesi cosiddetti industrializzati hanno un'aspettativa media di vita maggiore rispetto a molte delle regioni centro-sud africane.

L'allungamento della vita media, di per sé, dovrebbe essere una conquista, un segno tangibile che si vive meglio. Eppure sembra che non tutto vada per il verso giusto, se oggi la richiesta di salute è più forte che mai. Esistono, infatti, due problemi di base che vanno a delinearsi in un nuovo scenario composto in questa maniera.

Da un lato, in passato erano solo le persone più resistenti alle malattie quelle che riuscivano a vivere più a lungo. Era una sorta di selezione naturale che garantiva la sopravvivenza solo degli individui più forti. Dall'altro, l'allungamento della vita faceva sì che malattie che, per loro natura, si manifestano solo andando avanti con gli anni, facessero la loro comparsa sulla scena.

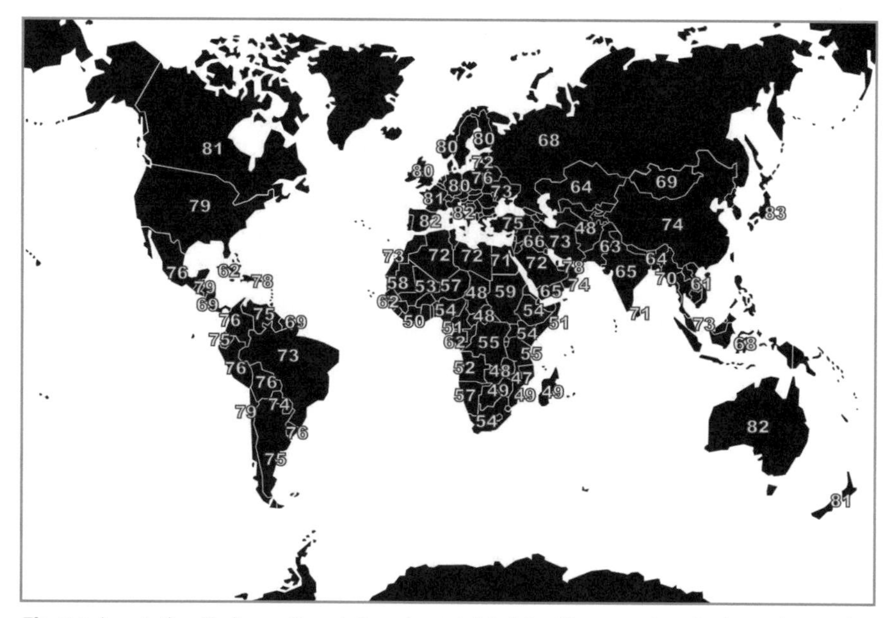

Fig. 1.1 Aspettativa di vita media nei diversi paesi del globo (il numero inserito in ogni paese è riferito agli anni di vita attesa)

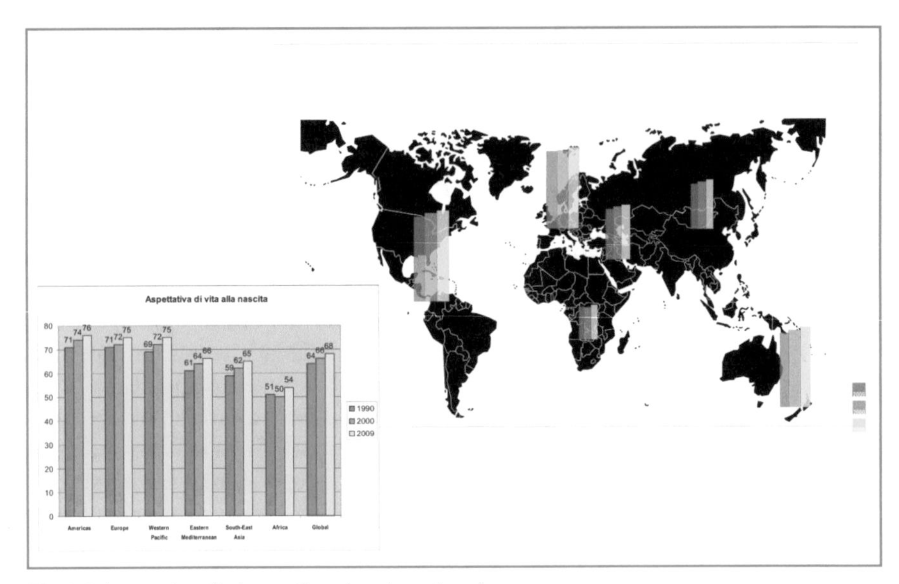

Fig. 1.2 Aspettativa di vita media nei vari continenti

Per chiarire meglio il concetto, queste malattie si potrebbero dividere in diverse grandi famiglie. Esistono alcune malattie che sono dovute all'accumulo continuato di danni all'organismo. In questi casi, può capitare che, a lungo andare, il DNA di una cellula venga danneggiato irreparabilmente, e questo può dar vita per esempio ai tumori, che rappresentano proprio una di queste grandi famiglie di malattie aumentate con l'avvento dell'età moderna. Anche alcuni avvelenamenti come quello da piombo, da amianto, o legati all'inquinamento hanno un meccanismo simile.

Ci sono altre malattie, come l'osteoporosi, che sono in parte dovute a cambiamenti ormonali che avvengono con il passare degli anni e che, pertanto, si manifestano solo nelle persone anziane. Gli stessi ormoni possono avere un'azione protettrice nei confronti dell'organismo. Quando, per motivi naturali, questa protezione viene meno, alcune malattie possono svilupparsi. Esistono poi malattie che, sebbene presenti anche in età giovanile, spesso in maniera nascosta, impiegano anni prima di produrre sintomi.

In questo quadro così complesso si inserisce, inoltre, tutta una serie di patologie che sono strettamente legate proprio ai nuovi stili di vita. Quelli che derivano dal progresso e, paradossalmente, proprio dalla società del benessere. Già da anni si studiano e sono note, per esempio, le relazioni tra alimentazione, fumo, alcool, inquinamento, sedentarietà e malattie quali infarto, ictus, obesità, cancro e via dicendo. In alcuni casi, come nel tumore polmonare che ogni anno provoca in occidente un numero elevatissimo di morti, la causa della malattia è strettamente legata allo stile di vita, tanto che nei non fumatori alcune forme di questo tumore non compaiono. In altri, fattori ambientali e altri dettati dalla genetica si combinano tra loro scatenando, a un certo punto, la malattia. Esiste poi il grande gruppo delle malattie cardiovascolari, che sono strettamente legate ad alcune abitudini di vita e tra i fattori di rischio che facilitano lo svilupparsi di queste malattie troviamo, infatti, fumo, diabete, livelli alti di colesterolo e pressione elevata. Questi ultimi tre, in buona parte, possono essere controllati o peggiorati proprio dalla dieta.

È oggi noto, per esempio, che sedentarietà, consumo eccessivo di grassi saturi e eccessiva assunzione di calorie sono alla base dell'obesità e del sovrappeso. L'aumento di peso, oltre a creare problemi a vari livelli (ad esempio, facile affaticabilità e difficoltà di respirazione, sovraccarico di ossa e articolazioni, problemi gastrointestinali, problemi psicologici e di relazione), peggiora tutti i fattori di rischio che abbiamo visto sopra. Non è un caso, quindi, che oggi ci si ammali di più di infarti, aneurismi o ictus.

Lo stesso diabete, anch'esso strettamente influenzato dalle abitudini alimentari, è poi responsabile di gravissime conseguenze che arrivano sino alla cecità, all'insufficienza renale che si cura solo con la dialisi o alla formazione di profonde ulcere sulla pelle di piedi e gambe che possono, in casi estremi, portare all'amputazione.

1.6 La mappa del nuovo mondo: malattie e continenti a confronto

Queste considerazioni, tuttavia, non sono valide per tutti gli abitanti del pianeta. Là dove una porzione del mondo è andata avanti con l'innovazione tecnologica e con il cambiamento radicale del modo di vivere, un'altra parte, ben consistente, è rimasta ancorata agli stili di vita del passato.

In occidente la rivoluzione industriale e l'espansione coloniale hanno portato alla nascita di civiltà basate su scienza, ricerca, tecnologia, investimenti. In altre parti del mondo fattori geografici, ambientali, culturali, sommati allo sfruttamento delle risorse da parte di popolazioni straniere colonizzatrici, hanno fatto sì che lo sviluppo divenisse rallentato o assente. Diventa, quindi, evidente che, in un mondo che nel corso dei secoli ha iniziato ad andare a due velocità, anche stili di vita, livelli di assistenza (Fig. 1.3), disponibilità di risorse devono essere necessariamente differenti [2].

Così, mentre una parte del mondo soffre ancora di quelle stesse malattie che hanno afflitto l'uomo per secoli, un'altra scopre nuove malattie, legate proprio al raggiunto benessere.

Ma c'è di peggio, perché queste società non sono statiche, ma si influenzano a vicenda, e non sempre positivamente. Per cui, anche nei paesi meno sviluppati, stili di vita scorretti importati dall'occidente sommano alle già precarie condizioni sanitarie anche i mali delle nuove società.

Se si osservano le cause di morte e la loro distribuzione sul globo (Figg. 1.4, 1.5), si vedrà immediatamente come la mortalità per malattie non trasmissibili come quelle cardiovascolari o i tumori (colonnine rosse) è maggiore nei paesi industrializzati [3].

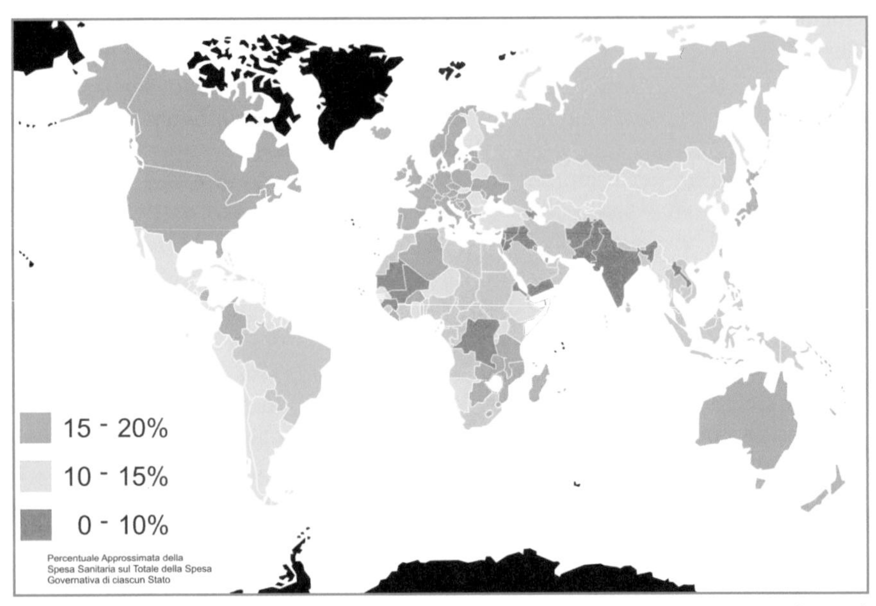

Fig. 1.3 Percentuale della spesa destinata al settore sanitario sul totale delle spesa governativa ogni anno. Nella maggior parte dei paesi in via di sviluppo la spesa relativa è più bassa confrontata con quella dei paesi maggiormente industrializzati

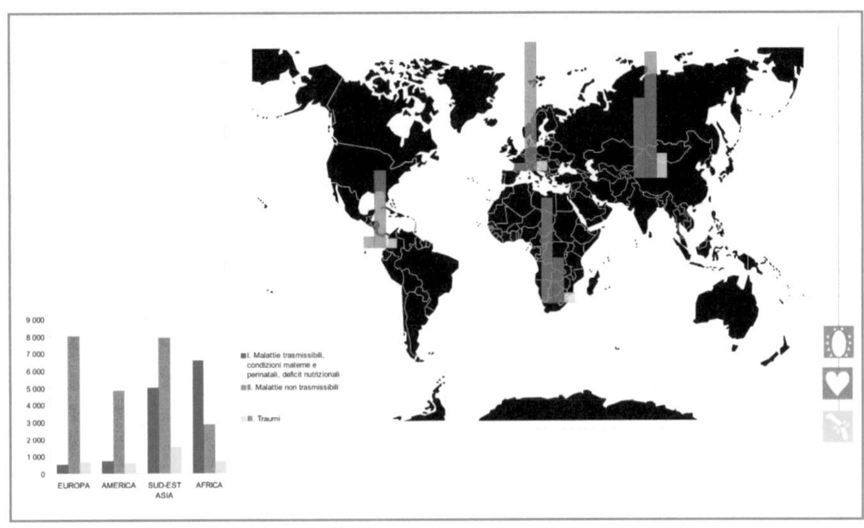

Fig. 1.4 Cause di morte nel mondo. Si nota come nei paesi industrializzati si muore di più per malattie non trasmissibili (colonne in rosso), in particolare malattie cardiovascolari e tumori, spesso legate allo stile di vita o all'allungamento dell'età media. Nei paesi in via di sviluppo, viceversa, si muore di più per malattie di natura infettiva o legate a scarse condizioni igieniche o a minori mezzi di sussistenza (colonne in blu). Da notare che in Asia si assiste a un fenomeno misto che può essere spiegato dalla presenza di differenti realtà all'interno del continente (si pensi, per esempio, all'India in cui realtà rurali di stampo medievale convivono con aree urbane e industriali tecnologicamente molto avanzate)

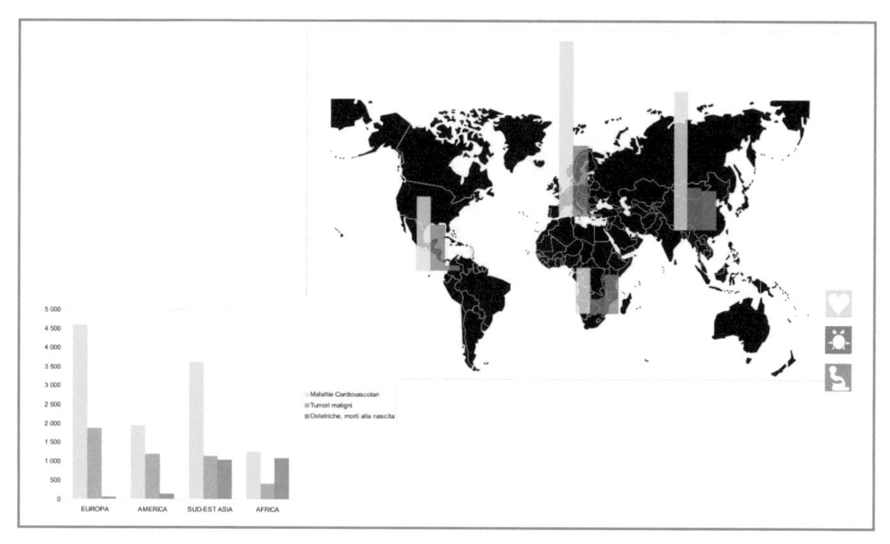

Fig. 1.5 Distribuzione delle cause di morte da malattie cardiovascolari e da tumori, tipiche delle società industriali (colonne in giallo), confrontate con cause di morte legate alla maternità o alla mortalità in età neonatale legata al parto (colonne in rosa), considerate rappresentative dello stato di sviluppo di una nazione. Anche in questo caso, si noti la sproporzione tra occidente e continente africano, e la persistenza di un quadro misto nel sud-est asiatico

In questi continenti, lo stile di vita è caratterizzato da una vita maggiormente sedentaria, da un elevato consumo di alimenti di origine animale e, in generale, da una dieta sbilanciata verso un'alimentazione ricca di grassi. Inoltre, cattive abitudini come il fumo o l'eccessivo consumo di alcool sono spesso presenti. Come abbiamo visto, sono proprio questi i fattori di rischio per lo sviluppo di questo tipo di malattie.

In altri paesi come in quelli africani o in una grossa porzione di quelli asiatici le condizioni economiche, igieniche e sanitarie predispongono di più per malattie che da noi sono facilmente curabili.

Sempre osservando le Figure 1.4 e 1.5 si noterà che in Africa e in Asia le colonnine azzurre, che mostrano le morti legate alle malattie infettive, e le colonnine lilla, che mostrano le morti legate a problemi incorsi durante la gravidanza o il parto, sono molto più alte rispetto a quelle dei paesi occidentali, dove quasi scompaiono.

Che uno dei fattori preponderanti per chiarire queste differenze sia legato all'alimentazione lo dimostrano i dati che indicano la mortalità legata alla malnutrizione o, viceversa, quella direttamente o indirettamente legata all'eccessivo introito calorico. I dati FAO (Fig. 1.6) ci indicano come l'introito calorico giornaliero sia completamente differente nei vari paesi del mondo e come, in particolare nei paesi in via di sviluppo, la maggior parte delle calorie vengano da alimenti di origine vegetale [4].

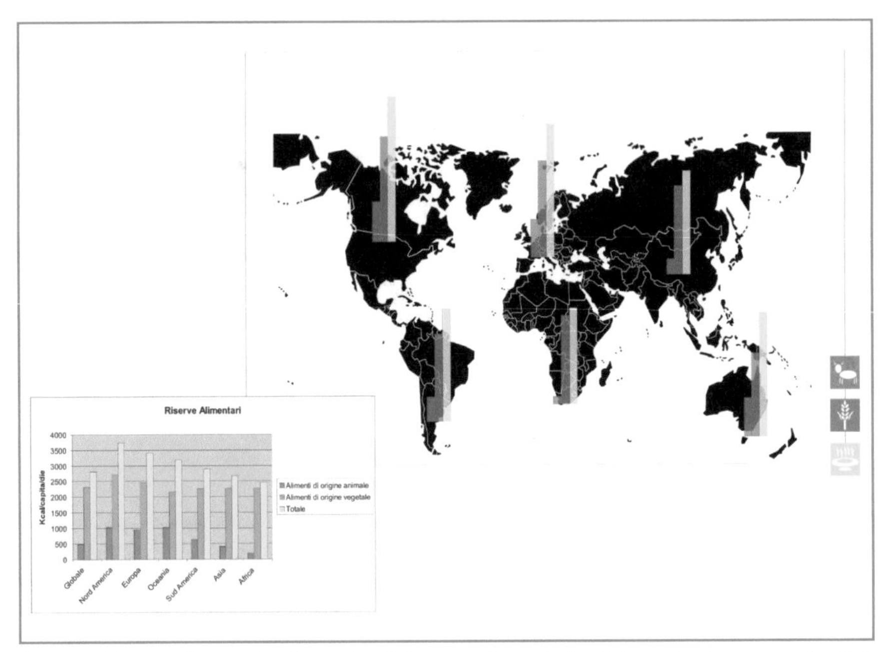

Fig. 1.6 Riserve alimentari nel mondo, divise per alimenti di origine animale e vegetale (dati FAO)

Se si osserva la distribuzione media dell'indice di massa corporea (Fig. 1.7) nei vari continenti (il cosiddetto *body mass index*, BMI, un indice che tiene conto del peso proporzionato all'altezza), si nota che nelle Americhe si presenta una tendenza all'obesità e al sovrappeso, nei paesi in via di sviluppo mediamente la popolazione è sottopeso, mentre nelle aree in cui prevale la dieta di tipo mediterraneo, mediamente la popolazione è in normopeso [5].

Questo si traduce in una maggiore predisposizione verso malattie cardiovascolari in occidente, più in Europa che in America (si tenga conto che in Sud America esistono ancora sacche di povertà molto elevata, e condizioni di vita vicine a quelle dei paesi in via di sviluppo, e che in Nord America è in vigore una massiccia campagna contro il fumo di tabacco da circa 30 anni), e in un impennamento delle cause di morte legate al diabete (Fig. 1.8, colonnina verde), malattia multifattoriale strettamente legata all'obesità. Per contro, sempre nella Figura 1.8 (colonnina rossa) si nota come in Asia, ma soprattutto in Africa, si muoia ancora di malnutrizione (praticamente scomparsa in Europa), che è un indice strettamente legato alle condizioni socio-economiche e culturali di un paese.

Negli ultimi 50 anni sono state effettuate poche ricerche sui determinanti di malattia e sui fattori sopra elencati, in particolare quelli psicocomportamentali e antropologici. Il *Global Forum for Health Research* (GFHR) dell'Organizzazione Mondiale della Sanità (WHO-OMS), prestigiosa istituzione che da alcuni decenni detta le linee guida sulla ricerca sanitaria in popo-

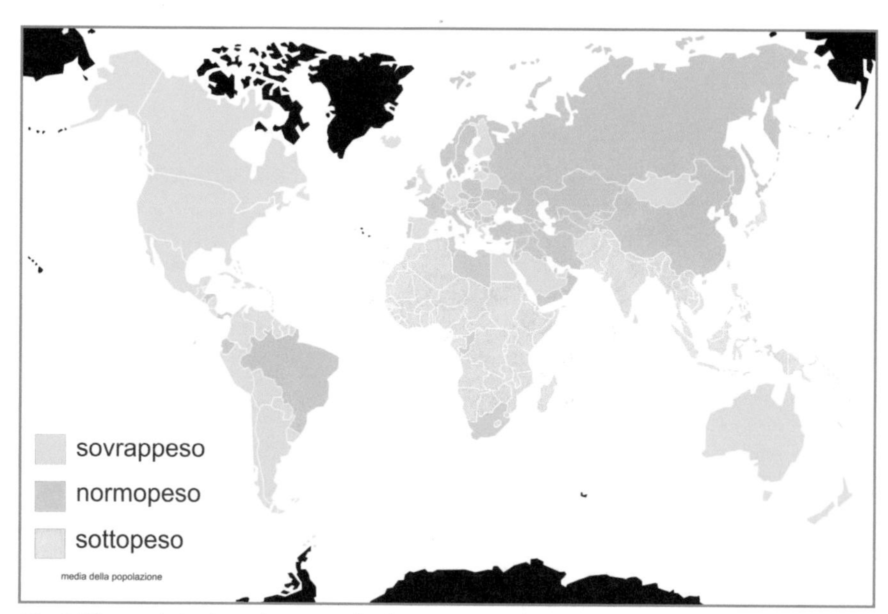

Fig. 1.7 In paesi che fanno largo uso di alimenti di origine animale e di grassi saturi e con un introito calorico medio molto elevato, la popolazione tende a essere sovrappeso e maggiormente esposta a malattie di tipo non trasmissibile. Si notino i bassi livelli di massa corporea registrati nei paesi in via di sviluppo dove le risorse economiche e le riserve di cibo sono nettamente inferiori (dati WHO e FAO)

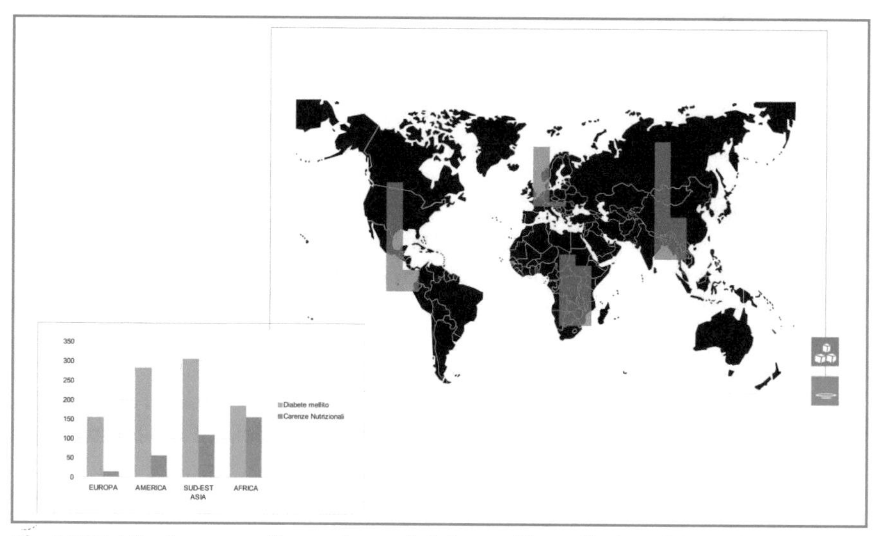

Fig. 1.8 Distribuzione cause di morte legate al diabete mellito e alla denutrizione. Si noti la distribuzione discontinua del diabete, malattia legata a fattori ambientali (tra cui quelli alimentari) e fattori genetici. Appare invece evidente la distribuzione delle malattie carenziali, che causano più morti nelle popolazioni dei paesi in via di sviluppo

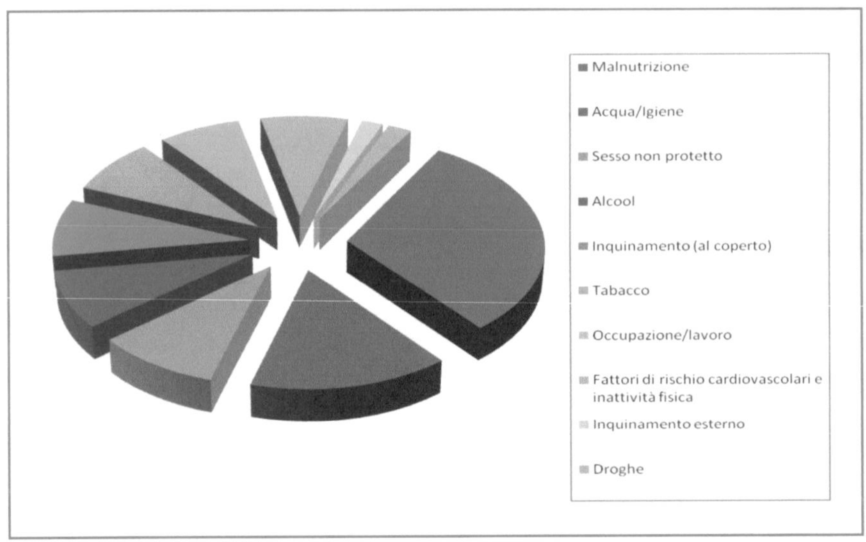

Fig. 1.9 Peso dei fattori di rischio o fattori determinanti le malattie sulla mortalità e disabilità complessiva. Gli spicchi indicano la percentuale sul totale dei "danni da malattia", espresso in *Disability-Adjusted Life Years* (DALYs), ovvero in anni di vita persi a causa di malattia o invalidità. Le prime quattro cause sono malnutrizione, carenza di acqua e problemi di igiene, sesso non protetto e abuso di alcool. Esistono numerosi altri fattori minori non riportati in figura, che incidono in percentuali molto basse

lazioni, ha più volte denunciato il cosiddetto "Gap 10-90", ovvero il fatto che il 10% delle risorse mondiali destinate alla ricerca sanitaria è indirizzato a studi che riguardano le malattie più diffuse (che costituiscono il 90% delle cause di morte e di invalidità) e, viceversa, il 90% delle risorse per la ricerca è dedicato a studi su una ristretta cerchia di malati e di malattie (che costituiscono circa il 10% del totale) [6, 7].

La Figura 1.9 mostra alcuni dei numerosissimi fattori che incidono su quelli che vengono chiamati DALY, cioè gli anni di vita che si perdono a causa di malattia o invalidità [8]. Come risulta evidente dal grafico, la malnutrizione (16% del totale dei DALYs del mondo), la scarsa qualità dell'acqua e i problemi di igiene (9%) assieme al sesso non protetto e al consumo di alcool e tabacco causino, da soli, oltre un terzo del totale degli anni di vita "attiva" persi. In valore assoluto, con riferimento, cioè, alla somma degli anni persi dalla popolazione mondiale, si tratta di una cifra con un 1 seguito da otto-nove zeri. In pratica, centinaia di milioni di anni di vita persi.

Ovviamente, come avevamo già visto per le cause di morte, questi fattori si concentrano in modo totalmente disomogeneo tra paese e paese, con una distribuzione a macchia di leopardo in alcuni continenti come l'Africa (valori mediamente alti ma molto oscillanti da paese a paese) là dove altri continenti (come per esempio il Nord America) si attestano su livelli omogeneamente bassi.

Le ragioni che stanno alla base di questo fenomeno sono numerose. In parte, ciò è dovuto a fattori di natura economica, quali l'esistenza di nazioni più povere e altre devastate dalla guerra.

In parte, ciò può essere dovuto a fattori genetici, sociali e comportamentali. Alcune popolazioni, infatti, sono più predisposte di altre a certe malattie (si noti nuovamente in Figura 1.7 l'alta incidenza di diabete in Africa che, in questo caso, non è legato all'eccessivo introito calorico). In altre, come abbiamo visto, sono proprio i fattori culturali che generano comportamenti e stili di vita poco salutari. A complicare ulteriormente il quadro, il fatto che le ondate migratorie, intensificatesi negli ultimi decenni, creano una mescolanza in cui tutti i precedenti fattori finiscono con il mescolarsi.

Vero è che abitudini e comportamenti sono fortemente radicati nella maggior parte delle etnie e, per questa ragione, dovranno passare generazioni prima che una modificazione radicale dei costumi possa essere notata. Allo stesso modo, le malattie strettamente legate alla genetica non varieranno la loro incidenza, se non quando ci si inizierà a sposare ad avere figli tra popolazioni diverse. Cambierà, invece, l'incidenza di malattie legate fortemente a situazioni ambientali, politiche e sociali, come la denutrizione legata a guerra o carestie, o i traumi legati a condizioni di vita o lavoro poco sicuri o anche, in questo caso, alle guerre.

1.7 Alimentazione e malattia oggi: il quadro si complica

Esiste un altro elemento che deve essere considerato. La società moderna non è più limitata da barriere geografiche e culturali. Mentre in passato i confini tra le varie civiltà erano netti, i nuovi flussi migratori e lo sviluppo di nuove e più efficienti vie di comunicazione hanno portato alla creazione di società multiculturali in cui stili di vita, abitudini e costumi convivono e spesso si fondono.

Ciò che sino a pochi anni fa era considerato esotico, oggi fa parte della realtà quotidiana. Cittadini di etnie differenti si integrano oggi nei paesi industrializzati, portando con sé il proprio bagaglio culturale, che è fatto di usi e costumi, tradizioni e, ovviamente, in buona parte anche della propria tradizione culinaria.

Se questo era avvenuto anche in passato (si pensi all'introduzione in Europa del pomodoro o della patata dalle Americhe) oggi lo stesso fenomeno avviene a una velocità impressionante. Ogni paese, cultura, realtà locale ha le sue abitudini gastronomiche e le sue ricette tradizionali. Non esiste popolo che non abbia adattato le materie prime che la natura gli ha messo a disposizione e le abbia rielaborate. Gusti, odori, sapori e colori diversi identificano le differenti etnie e le aree geografiche di appartenenza.

Sembra quasi che nell'evoluzione dell'uomo la cucina abbia perso il suo ruolo essenziale – quello di sfamare le persone – per estendere i suoi confini nel campo dell'arte. Nelle società occidentali, in particolare, non si mangia più solo per nutrirsi, ma il cibo è diventato una forma di intrattenimento sociale, un rito di passaggio, un modo per identificare se stessi (si pensi alle varie forme di filosofie alimentari come il vegetarianismo, il veganismo, il macrobiotico, il crudismo, ecc.). Ma, come abbiamo visto, tra i fattori modificabili che possono essere alla base delle malattie l'alimentazione è uno tra quelli più importanti.

Verrebbe facile credere che intervenire sulla dieta aiuterebbe con facilità a limitare l'insorgenza di molte malattie e, quindi, a ridurre gli indici di mortalità e invalidità a livello mondiale. Eppure, in un quadro così complesso è chiaro quanto sia difficile intervenire sulla dieta e modificare quegli stili alimentari che si è dimostrato essere dannosi.

Non solo non è facile rinunciare alle proprie abitudini alimentari ma, come spesso accade, i popoli, nell'influenzarsi a vicenda, non si scambiano solo i propri usi e consumi, ma spesso anche le cattive abitudini. Si pensi, per esempio, alla diffusione in un paese con una fortissima tradizione culinaria come l'Italia di fast-food che vendono cibi ipercalorici e ricchi di grassi. In questo caso, non si tratta solo di ristorazione etnica, consumata saltuariamente o in occasioni particolari, ma sempre più spesso il ricorso a questi locali sostituisce uno o più pasti quotidiani, come avviene nelle pause pranzo, specie nelle grandi città.

Il mescolarsi di differenti abitudini alimentari infatti, se da un lato può arricchire e migliorare il tipo di alimentazione di una società, può anche sbilanciarlo. Così, l'impatto di nuove abitudini alimentari potrebbe creare regimi di alimentazioni miste e, pertanto, nuove malattie o, verosimilmente, nuove categorie di malati. Ne è un esempio il riscontro che i ragazzi e i bambini italiani, ma anche europei e del nord America, siano sempre più frequentemente affetti da patologie come obesità e malattie cardiovascolari che, fino a qualche decennio fa, erano appannaggio unicamente degli anziani della popolazione.

1.8 Bambini più in carne uguale bambini più sani?

Sino a un secolo fa, questo sarebbe sembrato un concetto scontato. I bambini dei ceti più poveri erano caratteristicamente magrolini e malaticci, là dove quelli delle classi più abbienti apparivano più in forma e in salute, con le loro guancette rosee e le cosce grassocce.

Queste differenze sono evidenti anche al giorno d'oggi nei paesi in via di sviluppo, dove la quasi totalità dei bambini è magrissimo, mentre i ragazzi provenienti dalle poche famiglie benestanti sono normo- o sovrappeso. Il benessere dovrebbe essere, però, accompagnato da una maggiore istruzione e una migliore conoscenza. In un mondo occidentale in cui le risorse sono in eccesso, dovrebbe quindi essere chiaro il concetto che mangiare male e più del dovuto è dannoso quasi quanto non mangiare affatto.

Come abbiamo visto, negli ultimi decenni l'attenzione per l'alimentazione durante l'infanzia è cresciuta, apparentemente accompagnata da una maggiore consapevolezza dei rischi del sovrappeso anche in giovane età. Se il modo di alimentarsi è migliorato, la qualità dei cibi è cresciuta e le risorse alimentari sono più disponibili e più variegate; i bambini, quindi, dovrebbero essere decisamente più sani.

Tuttavia, i bambini di oggi sono solo più grassi e più sedentari e, di fatto, notevolmente più esposti (sia in età infantile che in età adulta) allo sviluppo di malattie gravi e problematiche psico-sociali. Come cita un documento presentato di recente in sede tecnica ministeriale e di prossima pubblicazione, negli ultimi vent'anni l'obesità è cresciuta in maniera allarmante tra bambini e adolescenti, tanto da essere definita l'"epidemia del Terzo Millennio" [9]. Essa si associa, già in età pediatrica e poi nelle età successive, a gravi complicanze di tipo metabolico, cardiovascolare, respiratorio, ortopedico e psicologico.

Il dato è allarmante per svariati motivi: intanto, l'obesità infantile ha una fortissima tendenza a mantenersi in età adulta. Inoltre, come evidenziano numerosi studi, l'Italia risulta essere il paese europeo più colpito. In Italia, infatti, più di un bambino su tre, tra gli 8 e i 9 anni, è obeso o sovrappeso. In totale, i bambini italiani tra i 6 e gli 11 anni con un peso superiore alla norma sono 1.115.000 e il dato sembrerebbe destinato ad aumentare.

Il cambiamento degli stili di vita, la scarsa attenzione da parte dei genitori, campagne di comunicazione e pubblicitarie che promuovono stili di vita scorretti (pubblicità di alimenti ricchi di grassi durante i programmi per ragazzi, importazione di abitudini alimentari copiate da serie TV e cartoni animati stranieri), lo spostamento dell'attività ricreativa da una forma attiva (sport, gioco all'aria aperta) a una più sedentaria (computer, internet, TV, videogiochi), sono alcuni dei fattori responsabili di questa trasformazione. Per citare un esempio, alcuni studi mostrano che banali abitudini, quali la presenza di un televisore nella cameretta dei bambini, possano essere associate a un rischio aumentato di sovrappeso e obesità [10, 11].

Che l'effetto sulle nuove generazioni sia devastante, poi, è sottolineato da una recentissima segnalazione della letteratura che documenta un preoccupante aumento della mortalità ultra-precoce (tra 15 e 35 anni) causato da intolleranza agli zuccheri, ipertensione e obesità in bambini e giovani adulti [12].

Inoltre, è da considerare non solo l'effetto della malattia sui bambini prima e sugli adulti poi, ma anche l'impatto economico che questa avrà sui vari sistemi sanitari. Il fardello di spesa, infatti, è già notevole e, stando così le cose, è destinato ad aumentare con conseguenze non facilmente prevedibili. E questo è ancora più vero se si considera che l'attuale epidemia di obesità infantile è una sorta di onda, di tsunami, che cresce lentamente, ma che sviluppa i suoi effetti per decenni a seguire.

L'Unione Europea e molti paesi europei singolarmente, inclusi la Gran Bretagna, la Francia e la Spagna, si stanno impegnando in numerosi progetti di contrasto all'obesità infantile. Tali progetti sono caratterizzati da un approccio multidisciplinare, dal coinvolgimento di molti attori diversi, da un uso ingente delle risorse umane ed economiche e da un ampio ricorso alle moderne tecnologie dell'informazione e della comunicazione.

Negli Stati Uniti, per esempio, il programma "WE CAN!" (*Ways to Enhance Children's Activity & Nutrition* [13]) ha come obiettivo la creazione di una rete informatica che fornisca supporto con materiali e linee guida agli interventi per migliorare le abitudini alimentari e l'attività fisica nei bambini a livello nazionale. L'uso di divulgatori scientifici, il coinvolgimento di famiglie, insegnanti, medici, allenatori, educatori e di tutte quelle figure professionali che direttamente o indirettamente possono incidere sull'educazione sanitaria, se pianificati e coordinati – conclude lo studio – possono essere un'arma efficace per combattere questo fenomeno. Grazie a questi strumenti sarebbe possibile, di per sé, educare i ragazzi all'alimentazione corretta e all'incremento di una corretta attività fisica. La formazione delle mamme in momenti in cui esse sono particolarmente recettive, quali la gravidanza, e l'insegnamento di corrette abitudini come l'allattamento al seno, è un'altra delle soluzioni proposte.

La prevenzione, insieme all'individuazione precoce dei soggetti a rischio e quelli in cui la patologia si sta già manifestando, è infatti la via da seguire per arginare i danni.

Se è vero, quindi, che buona parte delle malattie che affliggono e affliggeranno l'umanità nei prossimi decenni sono strettamente legate a comportamenti modificabili (e l'alimentazione è senza dubbio uno di essi) è allora chiaro come imparare a vivere e a mangiare nel modo corretto può diventare la chiave per trovare la strada verso la salute e, di conseguenza, verso quel benessere tanto a lungo cercato.

Bibliografia

1. http://gamapserver.who.int/gho/interactive_charts/mbd/life_expectancy/atlas.html
2. http://gamapserver.who.int/gho/interactive_charts/health_financing/atlas.html?indicator=i1&date=2009
3. https://apps.who.int/infobase/Mortality.aspx?l=&Group1=RBTCntyByRg&DDLCntyByRg=ALL&DDLCntyName=999&DDLYear=2004&TextBoxImgName=go
4. http://faostat.fao.org/site/368/default.aspx
5. http://apps.who.int/bmi/index.jsp?introPage=intro_3.html
6. Stevens P (2004) Diseases of poverty and the 10/90 Gap. International Policy Network
7. http://www.globalforumhealth.org/about/1090-gap/
8. Frenk J, Murray CJ (1999) WHO. Overview of the health situation in the world and perspectives for 2020. 3rd Global Forum for HR, Geneva
9. ISACCO: Italian Strategic Action for the Containment of Childhood Obesity – Documento strategico nazionale per la prevenzione e il contenimento di obesità, diabete, iperlipoproteinemie e ipertensione nei bambini e nei giovani adulti (draft, release Febbraio 2010; estensori: esperti del Gruppo nazionale di Studio Malattie Dismetaboliche, del CINECA, del Ministero, della SIP e rappresentanti di Istituzioni ed Enti). Relazione presentata in sede tecnica ministeriale

10. Musaiger AO (2011) Overweight and obesity in eastern mediterranean regions: prevalence and possible causes. J Obes 2011:407237
11. Utter J, Scragg R, Schaaf D (2006) Associations between television viewing and consumption of commonly advertised foods among New Zealand children and young adolescents. Public Health Nutr 9(5):606–612
12. Franks PW, Hanson RL, Knowler WC et al (2010) Childhood obesity, other cardiovascular risk factors, and premature death. New Engl J Med 362(6):485–493
13. http://www.nhlbi.nih.gov/health/public/heart/obesity/wecan/about-wecan/index.htm

2 Raccontare il cibo attraverso le ricette: sapori, salute, storie

Claudia Fragiacomo

Mangiare e nutrirsi sono azioni quotidiane che sembrano solo strumenti per vivere e mantenere la salute. Il cibo, vissuto come fonte di calorie, grassi, proteine, carboidrati o apporto di altri nutrienti per il corpo, perde gran parte del suo significato.

Spesso dimentichiamo che la nostra alimentazione quotidiana, anche se ci appare come una libera scelta del momento, è un'esperienza interpersonale influenzata da numerosi fattori: sociali (tradizioni, cultura), psicologici (emozioni, ricordi, affetti), sensoriali (vista, olfatto, gusto, tatto). L'atto del mangiare, che sembra collocato nel tempo reale di un pasto, imprime un segno forte: il corpo memorizza l'esperienza, il contesto familiare e lo traduce in emozioni.

Lo stimolo a intraprendere questo percorso nel mondo del cibo è nato dalla mia attività professionale: nei diari alimentari dei miei pazienti ho scoperto nuove ricette, provenienti da paesi stranieri, che vengono preparate ancora oggi che essi vivono lontano da casa. Ciascuno ha raccontato una parte della sua vita, un ricordo, un'emozione che lo lega a questo piatto e mi chiedeva se fossero indicati, sotto l'aspetto nutrizionale, per la loro salute.

L'orizzonte si è allargato: dal cibo come nutrimento, alla tradizione, al piacere di mangiare piatti carichi di ricordi, all'aspetto psicologico, al desiderio di osservare delle regole religiose. Qualcuno ha preparato il piatto che mi aveva descritto e me l'ha portato perché lo assaggiassi: ha desiderato farmi partecipe della sua cultura in modo diverso, offrendo il suo cibo e il suo lavoro, con amore e orgoglio per la propria terra (Fig. 2.1). Altre persone mi hanno chiesto di conoscere nuove ricette per la preparazione di piatti regionali italiani, perché vogliono conoscere le pietanze del nostro paese, per vivere la nuova realtà.

C. Fragiacomo (✉)
Farmacologa e Specialista in Scienza dell'Alimentazione
Chiasso-Lugano
Svizzera
e-mail: cdisme@bluewin.ch

A. V. Gaddi, C. Fragiacomo, R. Iavazzo, *Le culture del cibo*,
DOI: 10.1007/978-88-470-5447-9_2, © Springer-Verlag Italia 2013

Fig. 2.1 Il legame orgoglioso degli uomini con la propria terra, attraverso il lavoro, è spesso orientato al bisogno primario di cibo, per sé, per la propria famiglia, per il proprio bestiame. Si crea un legame indissolubile tra terra, lavoro, cultura e valore del cibo (foto ALG, Tanzania, 2009, ottica Leitz su Canon EOS Mark II)

Dietro queste ricette ci sono volti e storie di vita. Ogni persona che ho incontrato, ogni cibo descritto ha una propria storia da raccontare, anche per la stessa ricetta: alcuni piatti vengono preparati anche in altri paesi, con ingredienti differenti in base alla disponibilità della propria terra, alle tradizioni.

Ascoltando questi racconti personali ho ritrovato molti significati del cibo:

- *cibo e cultura*: il valore del cibo nelle feste religiose e nelle tradizioni, comune a tutte le religioni. Il cibo è anche comunicazione, dono, rito, ringraziamento;
- *cibo e ricordi*: spesso amiamo i cibi che rievocano i momenti belli dell'infanzia o che ricordano persone care, lasciando un segno indelebile nella memoria;
- *cibo e esperienza*: il profumo e il sapore del piatto preparato, una ricetta "cara", consentono di evocare l'atmosfera del passato. L'abitudine di portare con sé alcuni ingredienti, al rientro da un viaggio nel proprio paese, permette di rinnovare l'esperienza, curare la nostalgia e riannodare il legame con il proprio territorio;
- *cibo e memoria*: la preparazione di un piatto che nutre il ricordo e mantiene un legame con i propri cari defunti;
- *cibo e educazione*: un piatto preparato, anche per gioco, con le proprie mani, diventa un insegnamento per il futuro, per mantenere le tradizioni, la propria identità;

- *cibo e parola*: il cibo diventa un linguaggio che unisce, trasmette emozioni e permette di comunicare, anche se si parlano lingue diverse;
- *cibo e piacere condiviso*: il cibo, mangiato in compagnia, è occasione d'incontro, convivialità; consente di creare nuovi legami, di creare intimità;
- *cibo e nostalgia*: un colore, un odore, un sapore sono in grado di far riaffiorare nella mente il ricordo di un momento particolare, di risvegliare la nostalgia per una persona cara, per un momento vissuto;
- *cibo e identità*: la preparazione del piatto lontano dal paese di origine permette di mantenere un legame e di definire se stessi;
- *cibo e tradizione*: le ricette della propria terra trasmesse di generazione in generazione sono storia della famiglia e del paese. Il cibo lascia una traccia che offriamo come eredità e diventa un legame alle proprie radici, una memoria alimentare che si tramanda nel tempo;
- *cibo e relazione*: il cibo crea legami importanti nel contesto familiare. I momenti legati al cibo in famiglia fanno parte di un percorso di crescita, vissuto con "gli occhi nel piatto e la mente negli affetti". Il benessere fisico dipende da ciò che mangiamo ma anche dalle nostre relazioni, dal nostro stato psicologico;
- *cibo e salute*: oggi viviamo in una società multietnica; diverse etnie, diverse religioni hanno portato tra di noi prodotti di altre culture. Per questo motivo ci troviamo confrontati nella pratica clinica con la necessità di dover conoscere altre abitudini, proporre soluzioni differenti dai soliti schemi, per consentire di prevenire e/o curare alcune malattie rispettando l'individuo, le sue tradizioni e la sua cultura.

Al cibo è stato riconosciuto un ruolo fondamentale per mantenersi in buona salute, prevenire e curare numerose malattie. Purtroppo, le numerose proposte di diete "miracolose" che promettono risultati immediati, la pubblicità di prodotti "leggeri e sani" modificano le nostre abitudini alimentari, le nostre tradizioni: va perduta una parte della "cultura del cibo", dell'identità che ci appartiene, del gusto che abbiamo acquisito nel tempo e ci appropriamo di nuovi prodotti preconfezionati e/o di veloce preparazione, che annullano il rito della "buona cucina".

Alcune ricette descritte in questo libro appartengono all'area del Mediterraneo, ove esistono abitudini alimentari caratterizzate dal consumo di alimenti sani: infatti, la "dieta mediterranea" è stata riconosciuta dall'UNESCO come Patrimonio Culturale immateriale dell'Umanità.

La dieta mediterranea rispecchia una tradizione comune ad alcuni paesi che si affacciano sul bacino del Mediterraneo (Italia, Grecia, Spagna, Marocco) ed è composta dagli alimenti prodotti in questa zona: olio d'oliva, cereali, legumi, verdura, frutta fresca e secca associati a modeste quantità di latticini, pesce, carne, spezie, tisane e vino. Nonostante le tradizioni diverse, per tipologia di alimenti e tipo di cottura, si crea un modello alimentare equilibrato, adatto a tutte le età. Questo stile di vita rispetta le abitudini, le tradizioni, i costumi sociali, il territorio di ciascun paese.

La globalizzazione ha portato nei paesi europei cibi e piatti a noi sconosciuti: assaggiati durante una vacanza e vissuti con curiosità, come una gradevole parentesi prima di tornare alla nostra quotidianità, da ricordare pensando al viaggio, guardando le foto. La crescita di cucine etniche ha creato un grande cambiamento sociale, un nuovo mercato, nuove proposte: se da un lato ci consente di allargare le nostre conoscenze, di gustare nuovi piatti, dall'altro ci propone ingredienti standardizzati che possiamo acquistare al supermercato per cucinare a casa nostra, privandoci della genuinità e della cultura della cucina.

Anche i tempi sono cambiati e nella nostra società va perdendosi l'abitudine del pasto composto da varie portate. Oggi prevale, per motivi di tempo, di lavoro, di costi, l'abitudine al pasto veloce, soprattutto nella pausa pranzo, con l'attitudine a mantenere il pasto tradizionale per le feste e le occasioni importanti.

In molti paesi arabi e del Sud America, vi è l'usanza di servire un piatto unico e offrire su grandi vassoi "piccoli cibi" (stuzzichini) che saranno mangiati con le mani.

Tra le ricette proposte e valutate nella loro composizione nutrizionale ritroviamo piatti che, completati con altri cibi, sono equilibrati e sani. L'analisi di un ingrediente utilizzato nella preparazione della ricetta ci permette di sottolineare le virtù di alcuni alimenti che, anche se aggiunti in piccole quantità, forniscono sostanze di importante valore nutrizionale.

È possibile, quindi, uscire dal nostro schema mentale, affidarsi alle persone che vivono vicino a noi per conoscere e comprendere nuove realtà: scoprire nuovi piatti, nuovi ingredienti potrà essere un arricchimento anche per la salute. Da qui parte la lettura delle ricette, che attraverso gli ingredienti e la preparazione, diventa narrazione della propria storia: un percorso tra colori, odori, sapori legati da un filo indissolubile, il *filo della memoria e del cuore*.

2.1 Ricette

2.1.1 Curry di gamberi al cocco (Mozambico)

Ingredienti per quattro persone
1 testa d'aglio
1 cucchiaino di zenzero fresco
3 peperoncini verdi piccanti freschi
1 cipolla tagliata fine
4 cucchiai d'olio di semi
1 cucchiaino di curcuma
1 cucchiaino di sale
½ cucchiaino di pepe nero
1 pizzico di cannella
1 pizzico di chiodi di garofano
40 g di polpa di cocco grattugiata
1 kg di gamberoni

Sbucciate e pulite i gamberoni, lasciando il guscio sulle code. Tritate finemente aglio, zenzero e peperoncino. Bagnate la polpa di cocco con acqua fredda e lasciatela macerare per qualche ora, per ottenere il latte di cocco. In una casseruola fate dorare la cipolla nell'olio, aggiungete aglio, zenzero, peperoncino, cannella, chiodi di garofano, sale, curcuma, pepe nero e cucinate a fuoco lento per 8 minuti. Aggiungete mescolando il latte di cocco e togliete dal fuoco. Portate a ebollizione, aggiungete i gamberoni e proseguite la cottura per 4–5 minuti.

Valutazione nutrizionale

- Elevato apporto di grassi
- Elevato apporto di proteine
- Basso apporto di carboidrati
- Discreto apporto di vitamine e sali minerali
- Discreto contenuto di fibre

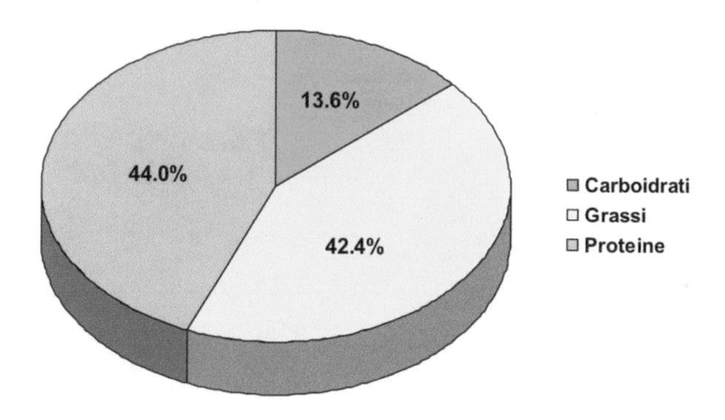

Consiglio

Per completare l'equilibrio del pasto e renderlo un piatto unico equilibrato, si consiglia di aggiungere 50 g di riso e una porzione di frutta.

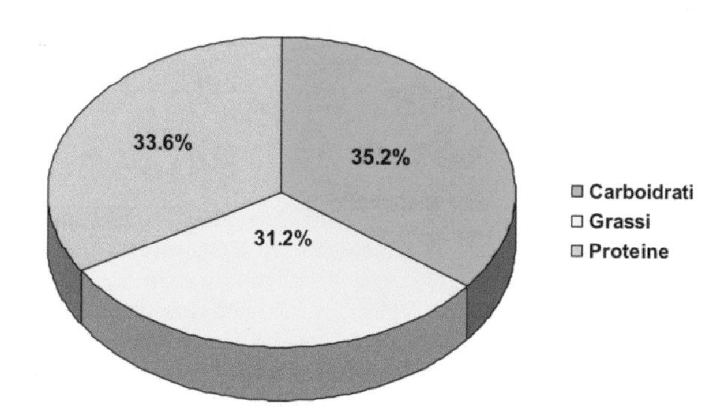

Fig. 2.2 Latte di cocco

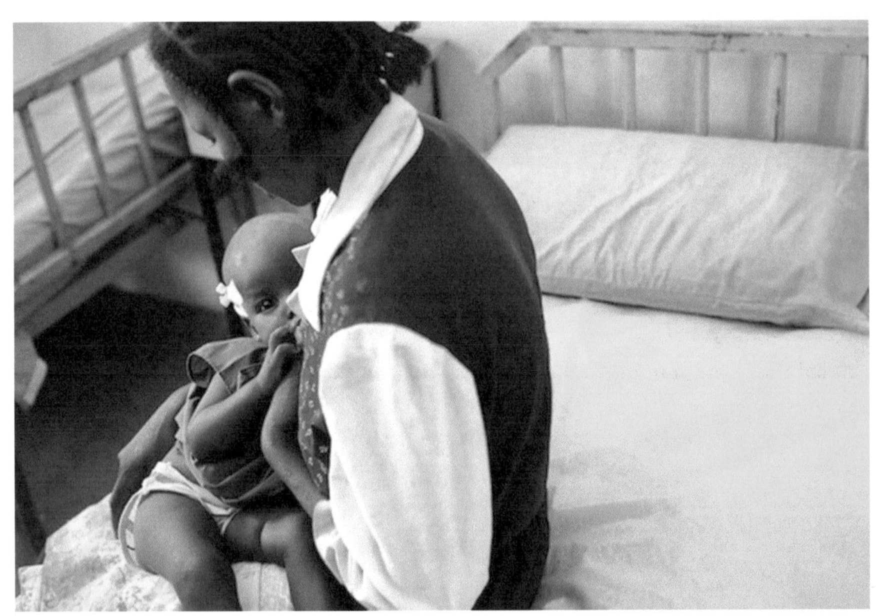

Fig. 2.3 Il latte è l'alimento base di tutte le culture, e il primo identificato dagli uomini come salutare, completo, gratificante. La ragione è evidente: l'allattamento materno, meglio di ogni altra cosa, rappresenta l'atto d'amore e di donazione/mantenimento della vita dalla mamma ai suoi bambini. È l'essenza stessa della vita. Questi valori vengono traslati, nelle varie culture, anche sul latte di animali o vegetali (come nel caso del nutrientissimo latte di cocco, vedere testo) normalmente utilizzati per bambini, ma anche come mezzo di sostentamento per persone fragili o convalescenti. Questo bimbo in un ospedale del Sud Sudan è con la sua mamma (foto ALG, 2011, 50:1,4 Leitz su Canon EOS 5 Mark II)

Ingredienti alla lente: latte di cocco

Il latte di cocco si prepara dalla macerazione della polpa di cocco, frutto della palma di cocco (cocos nucifera), appartenente alla famiglia delle Arecacee (Fig. 2.2). Contiene zuccheri, grassi, proteine, vitamine (del gruppo B, vitamina C, E, K) e sali minerali. Non contiene lattosio.

È molto nutriente e contiene acido laurico, presente anche nel latte umano: in alcuni paesi (isole dei mari del sud), è impiegato per lo svezzamento dei neonati (Fig. 2.3).

È consigliato come ricostituente perché ricco in vitamine e potassio.

Ha caratteristiche nutrizionali differenti dall'acqua di cocco che si trova nel frutto intero: la presenza di questo liquido è garanzia di freschezza.

Emozioni e cibo: la nostalgia

Eucelia, anni 55

La nonna era la regina della cucina: gestiva gli alimenti, le spezie, la cottura mentre io curiosavo, pensando che quegli animali fossero soggetti alle sue alchimie: nelle sue pentole grandi ho visto compiersi grandi trasformazioni con il diffondersi di tanti profumi che cambiavano durante la cottura. Sembrava una maga che aggiungeva piccoli tocchi: creava piatti gustosi, che io assaporavo lentamente, in compagnia dei cugini, tra risate e sguardi.

A quella tavola ho imparato a comunicare con gli occhi!

Solo molto più tardi ho capito quale prezioso tesoro io abbia ereditato vivendo a casa della nonna, con la quale mantengo un legame preparando questo piatto per i miei figli.

Il profumo del latte di cocco evoca in me sensazioni difficili da definire: nostalgia, struggimento, ma anche forza e mi sento ancora protetta dalla nonna, anche ora che lei non c'è più.

Forse esiste un vero e proprio codice del sapore e dell'odore, un linguaggio che non usa parole ma ci permette di comunicare.

2.1.2 Couscous (Marocco)

<u>Ingredienti per quattro persone</u>

400 g couscous
400 g carne di pollo
250 g zucchine
250 g carote
2 pomodori maturi
1 melanzana
200 g cavolo
2 cipolle
100 g ceci cotti
1 dl olio d'oliva

½ cucchiaino di pepe nero
½ cucchiaino di zafferano
½ cucchiaino di paprika
1 mazzetto di prezzemolo

Pulite le verdure e tagliatele in pezzi grossi. Fate rosolare la carne in metà dell'olio nella parte inferiore della *couscousseria*: aggiungete le spezie e il prezzemolo e coprite con acqua e sale. Mescolate e lasciate cuocere per 20 minuti. Aggiungete le verdure tagliate e cuocete per 20 minuti. Dopo aver aggiunto i ceci ultimate la cottura.

Nel frattempo, preparate il couscous che avrete versato in una ciotola contenente acqua fredda e sgranatelo con le mani. Ungete la parte superiore della couscousseria con olio d'oliva, appoggiatela sulla parte inferiore della pentola ed aspettate che passi il vapore: sgranate il couscous nella pentola, dopo aver aggiunto il sale e l'olio e ultimate la cottura per 15 minuti.

Versare il couscous in un piatto, ponendo al centro la carne con le verdure.

Couscousseria: composta da un recipiente inferiore ove cuociono carni e verdure e di un cestello traforato da inserire combaciando perfettamente, nel quale il couscous verrà cotto dal vapore.

Valutazione nutrizionale

- Elevato apporto di proteine
- Buono l'apporto di grassi
- Ottimo apporto di carboidrati complessi
- Buono l'apporto di vitamine e sali minerali
- Discreto il contenuto di fibre

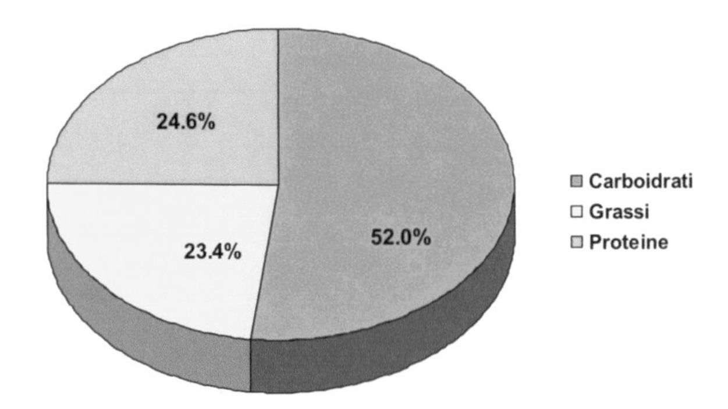

Consiglio

Per completare il pasto e renderlo un piatto unico equilibrato, si consiglia di aggiungere una porzione di frutta.

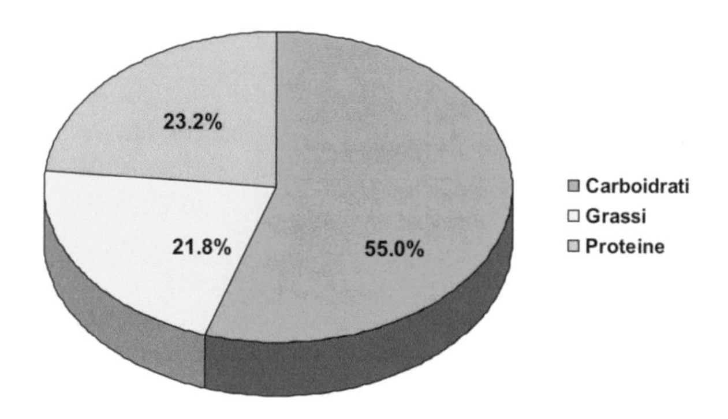

Ingredienti alla lente: zafferano

Lo zafferano (Crocus sativus) contiene carboidrati, proteine, grassi, fibre, discrete quantità di sali minerali (calcio, sodio, potassio, ferro, magnesio), vitamine (vitamina A, vitamine del gruppo B e vitamina C) e carotenoidi (licopene e zeaxantina) che hanno un elevato potere antiossidante (Fig. 2.4).

Ha azione amaro-tonica che facilita la digestione, ha effetto antistress.

Il colore giallo oro e il profumo che lo caratterizzano sono legati al contenuto di due sostanze particolari: crocina e safranale.

Per il suo colore e il suo costo (viene preparato a mano) è considerato sinonimo di ricchezza, benessere, felicità: regalare zafferano è augurio di vita, luce, calore.

Fig. 2.4 Zafferano

Emozioni e cibo: il dono

Latifa, anni 59

Il "mio" couscous è un piatto che ha un significato particolare, sia morale che religioso. Non è solo cucinare, ma è una preghiera per giungere all'atto più importante: il dono. Il cibo è un dono della natura, che va vissuto con coloro che condividono il nostro viaggio e va donato a chi non lo possiede. Anche il re rispettava questa cerimonia e sfamava i poveri del villaggio.

La preparazione del couscous è un rito. Si prepara in grandi quantità, si sgrana a mano come fosse un rosario, si aggiunge lo zafferano giallo oro e si porta alla Moschea il venerdì, giorno della preghiera e del perdono, all'ora di pranzo. Viene donato ai poveri raccogliendolo con le mani dalla grande ciotola e versandolo "con le proprie mani nelle loro mani", prima di andare a mangiare con parenti e amici. In una città dove tutto è amplificato, colori, temperatura, rumori, mi torna alla mente la voce di coloro che ricevono in dono il couscous: un sussurro, un umile "grazie". Dove vivo ora vedo spesso fare l'elemosina con soldi: io vivo questo atto con amarezza, perché è un'azione diversa, frettolosa e rassicurante per chi lo compie, ma ha un altro significato. Non è condivisione, non coinvolge cuore e mente delle persone.

2.1.3 Feijoada (Brasile)

Ingredienti per quattro persone

1 kg di fagioli neri
200 g di salsiccia tagliata a pezzi
200 g di pancetta affumicata (fetta intera)
500 g di costine di maiale
1 orecchia di maiale (oggi si usa 300 g di spezzatino di maiale)
2 cipolle
2 spicchi d'aglio
1 manciata di prezzemolo
2 cucchiai d'olio
sale
1 peperoncino
3 pomodori

Lavate i fagioli neri e lasciateli a bagno per una notte in 1 litro d'acqua. Cucinate i fagioli a fuoco lento per circa 1 ora. Nel frattempo, tagliate le carni di maiale in piccoli pezzi, mettetele in una pentola coperta d'acqua e fate bollire per 10 minuti. Sgocciolate i pezzi di maiale, sistemateli in una pentola e aggiungete i fagioli e i pezzi di salsiccia. Fate soffriggere in una pentola l'olio, la cipolla, l'aglio, il peperoncino, la pancetta affumicata e aggiungete il brodo di fagioli e i pomodori tagliati a cubetti.

Soffriggete per alcuni minuti, aggiungete i fagioli, le carni e un bicchiere d'acqua calda. Mescolate e aggiungete sale e pepe. Cuocete a fuoco lento fino a quando lo stufato sarà cotto e il sugo denso. Servite in terrine d'argilla.

Valutazione nutrizionale
- ❐ Elevato apporto di calorie
- ❐ Elevato apporto di grassi e proteine
- ❐ Basso apporto di carboidrati
- ❐ Basso apporto di vitamine e sali minerali
- ❐ Scarso apporto di fibre

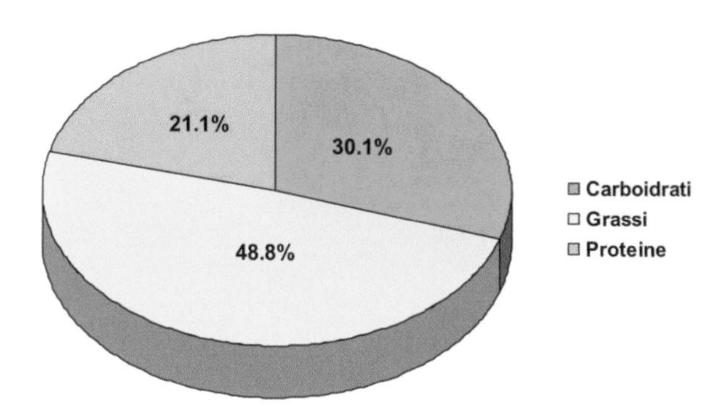

Consiglio
La tradizione prevede di accompagnare questo piatto con arance tagliate a fettine, coste, riso e salsa al peperoncino.

Il piatto, così completato, migliora il suo valore nutrizionale: si consiglia comunque di ridurre la quantità di carne prevista nella lista degli ingredienti.

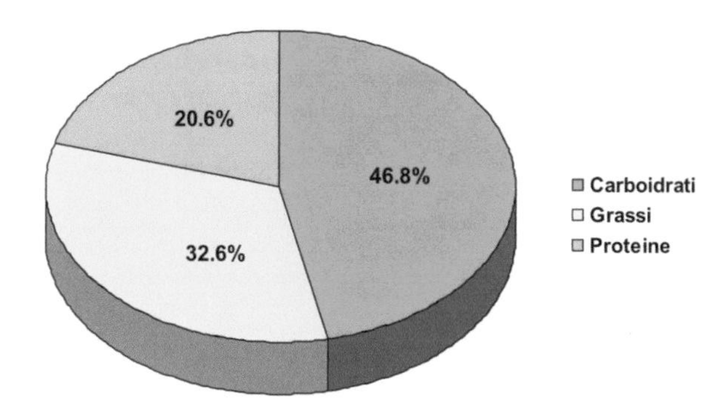

Ingredienti alla lente: fagioli neri
I fagioli neri, legumi tipici del Sud America, sono molto nutrienti e completi dal punto di vista nutrizionale: contengono un'elevata quantità di carboidrati, di proteine vegetali, di vitamine (del gruppo B, E, K), sali minerali (calcio, ferro, fosforo, zinco, selenio, magnesio, potassio). Il contenuto di grassi e di colesterolo è basso ma sono importanti per l'apporto di acidi grassi omega-3 e omega-6 (Fig. 2.5).

Fig. 2.5 Fagioli neri

Sono molto ricchi in acido folico: una porzione di fagioli contiene il doppio del fabbisogno giornaliero.

Sono indicati per la stitichezza: l'elevato contenuto di fibre (solubili e insolubili) accelera il transito intestinale. Le fibre, inoltre, aumentano il senso di sazietà e riducono l'assorbimento di zuccheri, grassi e colesterolo. Contengono fitosteroli e hanno un basso indice glicemico: per questo motivo sono consigliati nell'ipercolesterolemia e nel diabete. La lecitina, presente in discreta quantità, potenzia l'effetto sulla riduzione del colesterolo.

L'ammollo e la cottura dei fagioli rimuove i fattori antinutrizionali presenti che potrebbero limitare l'assorbimento di alcune sostanze.

Emozioni e cibo: la rabbia

Mirella, anni 55

Il ricordo di questo piatto è molto vivo perché ha influenzato la mia vita. In Brasile, ero costretta a mangiarlo perché, secondo mia madre, dovevo crescere e in casa nostra non c'erano grandi disponibilità economiche. Io ero attorniata da pubblicità di ragazze magre, di prodotti dimagranti, di interventi estetici e vedevo il mio corpo che aumentava di peso e cambiava le sue forme mentre desideravo crescere secondo i "modelli della bellezza".

Nella mia famiglia non bisognava disobbedire e io potevo limitarmi a invidiare mia sorella che era partita per l'Europa in cerca di lavoro: dal mio punto di vista, si era sottratta alle regole ferree della famiglia ed era libera di comportarsi come voleva.

Quando ho potuto raggiungerla, ho cominciato a non mangiare o a scegliere nuovi cibi, meglio se *light* o poveri in calorie: è cominciato un brutto periodo nel quale avevo un lavoro, un fidanzato ma anche seri problemi con l'alimentazione, per i quali davo la colpa a mia madre. Dopo anni di terapia sono guarita, ho elaborato la mia rabbia e ho osato preparare a mia madre la versione "leggera" di questo piatto quando è venuta a trovarmi.

È stata l'occasione per fare definitivamente "la pace", perché mi ha abbracciato e mi ha detto che la versione "leggera" è più buona e più digeribile per il suo stomaco affaticato.

Inoltre, poter mangiare questo piatto è stato importante per me: è un piatto che rappresenta nel mondo il mio paese. Mi sembra di essermi riappropriata della mia identità, anche se da anni vivo in un altro paese.

2.1.4 Falafel (Egitto)

Ingredienti per quattro persone
500 g di fave verdi sbucciate
3 cucchiai di prezzemolo tritato
1 cucchiaio di coriandolo fresco tritato
3 spicchi d'aglio
2 cipolle tagliate a pezzi
2 g cannella
1 cucchiaino di cumino
1 cucchiaio aneto
pepe
5 g paprika
5 g peperoncino
1 cucchiaio semi di sesamo
olio di semi arachidi per friggere
farina

Mettete a bagno le fave per 12 ore in acqua e scolatele bene. Aggiungete alle fave il prezzemolo, il coriandolo, l'aglio e la cipolla, aneto e tritate finemente con il mixer. Aggiungete le spezie, il condimento e amalgamate bene fino a ottenere un composto denso, tipo purea. Lasciate riposare per 1 ora a temperatura ambiente. Se necessario, aggiungete della farina. Formate delle polpette appiattite, alte 2 cm, utilizzando un cucchiaio bagnato con acqua, passatele nella farina e nei semi di sesamo e friggetele in olio caldo.

Valutazione nutrizionale
- ❐ Elevato apporto di grassi e proteine
- ❐ Basso apporto di carboidrati
- ❐ Discreto apporto di vitamine e sali minerali
- ❐ Discreto apporto in fibre

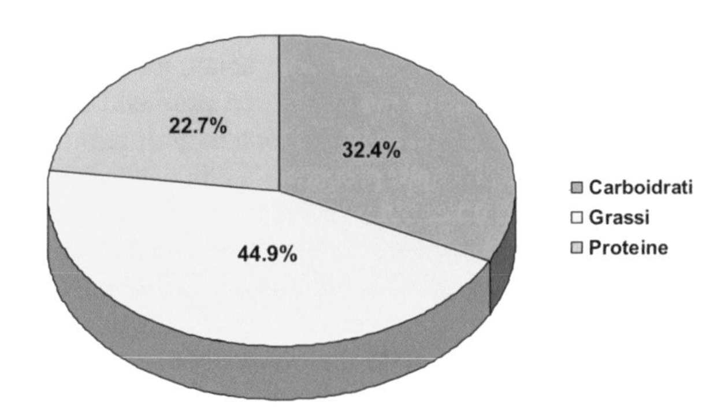

Consiglio
Secondo la tradizione egiziana, il piatto viene servito con salsa Tahin (crema di semi di sesamo tostati e spremuti), pomodori, cetrioli e pane arabo. Il piatto così completato raggiunge l'equilibrio nutrizionale.

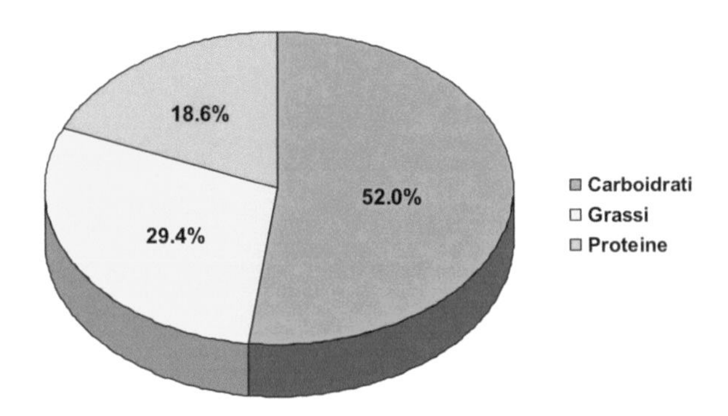

Ingredienti alla lente: fave

Le fave appartengono alla famiglia delle Leguminose. Forniscono poche calorie (Fig. 2.6).

Sono ricche in proteine, fibre, sali minerali (potassio, ferro, fosforo, calcio, sodio, rame, selenio) e vitamine (vitamina A, vitamine del gruppo B, vitamina C e vitamina E). Durante la cottura, gran parte delle vitamine e sali minerali viene perduta. Se consumate crude, la vitamina C favorisce l'assorbimento del ferro.

Hanno un'azione tonificante, diuretica e, per la presenza di fibre, sono consigliabili in caso di stitichezza.

Le fave possono essere sostituite da ceci (come nella versione falafel israeliana) per le persone affette da favismo.

Fig. 2.6 Fave

Emozioni e cibo: il piacere
Lais, anni 24

La cucina del mio paese è una sorpresa che si ricerca in ogni piatto. La ricetta base permette di creare un piatto che non è mai uguale: è un gioco dosare le spezie per variare il sapore e il profumo, cambiare le verdure per creare giochi di colore e stupire i commensali. Per me cucinare è un piacere, che comincia dosando gli ingredienti "a pugni" (non uso la bilancia), continua con l'aggiunta di spezie "a spizzico", e termina assaggiando per scegliere il sapore finale, che ogni volta è diverso.

Il cibo descrive il mio umore del momento: mi fa piacere creare qualcosa che definisce me stessa.

Oggi questo piatto è utilizzato come "cibo di strada", venduto con pane arabo arrotolato o piegato come una tasca che contiene le polpette. Viene consumato dai giovani come fosse un trancio di pizza e rappresenta un punto d'incontro, un nuovo modo per stare insieme, il piacere d'incontrare gli amici.

2.1.5 Sarma (Armenia)

<u>Ingredienti per quattro persone</u>
4 foglie di vite
1 cipolla tritata
200 g riso a grana lunga, lavato con acqua e sgocciolato
150 g uvetta
100 g carne macinata di agnello o mista

30 g pinoli
1 cucchiaino di cannella in polvere
1 limone
menta
aneto
2 cucchiai olio oliva extravergine
4 dl acqua bollente
sale
pepe

In una padella, fate appassire la cipolla nell'olio, aggiungete la carne e fate rosolare mescolando. Aggiungete il riso e fate tostare. Aggiungete il succo di mezzo limone, la cannella, l'uvetta, i pinoli e mescolate. Aggiungete l'acqua e lasciate asciugare il liquido a fuoco lento, mantenendo il riso al dente.

Preparate le foglie di vite che devono essere scottate in acqua salata, passate sotto il getto di acqua fredda e asciugate con un canovaccio.

Distribuite al centro delle foglie 2 cucchiaini di riso raffreddato, chiudete piegando i due lembi laterali più corti sul ripieno e arrotolate formando un involtino. Fate cuocere gli involtini con olio e succo di limone per 45–60 minuti a fuoco basso.

2.1.6 Suthlac (Armenia)

Ingredienti per quattro persone
2 litri latte parzialmente scremato
300 g zucchero
70 g riso
20 g farina di riso
20 g maizena
una puntina di sale
una punta di vaniglia
cannella

Bollite il riso con 2 dl di acqua e lasciatelo sul fuoco per 10–15 minuti, fino a completo assorbimento del liquido. Sciogliete la farina e la maizena in 5 cucchiai di latte. In una pentola versate il latte rimasto, il sale, la vaniglia e aggiungete il riso, mescolando per 15 minuti. Aggiungete lo zucchero, la farina e la maizena e proseguite la cottura per 10 minuti. Versate in coppette monoporzione, lasciate raffreddare e decorate con la cannella.

Valutazione nutrizionale
Sarma
❒ Elevato apporto di carboidrati
❒ Basso apporto di proteine
❒ Discreto apporto di grassi

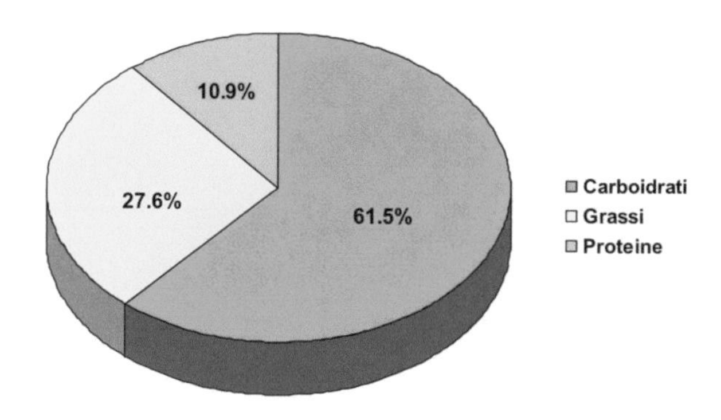

Suthlac

- Elevato apporto di carboidrati
- Basso apporto di proteine
- Basso apporto di grassi
- Scarso apporto di fibre

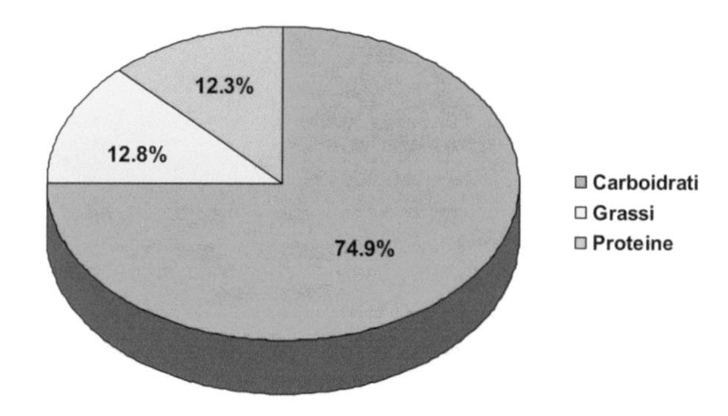

Ingredienti alla lente: foglie di vite rossa

Le foglie di vite vengono usate in cucina per la preparazione degli involtini (Fig. 2.7). Se si utilizzano foglie fresche, controllare che non contengano sostanze anticrittogamiche provenienti dalla pianta: le foglie di vita in salamoia, in scatola, sono state scottate e sono pronte per l'uso.

Contengono polifenoli (bioflavonoidi) che conferiscono proprietà antinfiammatoria e antiossidante: i flavonoidi contenuti nelle foglie attenuano la sensazione di pesantezza e riducono il gonfiore delle gambe, rinforzano i capillari sanguigni. Vengono utilizzate sotto forma di infusi e creme.

Fig. 2.7 Vite rossa

Emozioni e cibo: la memoria

Anus, anni 65

Ci sono alcuni piatti, preparati nel mio paese, che assumono un significato particolare perché strettamente legati alle persone e agli affetti della propria famiglia. Quando una persona viene a mancare, il rito funebre prevede dei riti che coinvolgono anche il cibo: il defunto viene accompagnato nel suo passaggio con un banchetto offerto ai presenti, familiari e amici. La certezza che i nostri cari continuino a "vivere" crea un legame molto stretto, la necessità di nutrire il ricordo e di continuare a condividere alcuni momenti di vita si mantiene nel tempo. Il cibo, un piatto caro, vengono preparati il giorno "della settimana della partenza del proprio caro" o nella ricorrenza.

A casa mia, ci sono due piatti che hanno questo ruolo: sarma e suthlac. Mangiando, in famiglia, questo contorno e questo dolce, il pensiero ci riporta al passato, ai giorni trascorsi con il nostro caro: il legame è rafforzato dai racconti, dai ricordi narrati ai giovani della famiglia, perché possano mantenere la memoria del nostro passato.

2.1.7 Polpettine con crauti (Ungheria)

Ingredienti per quattro persone

300 g riso per risotti

800 g carne di manzo macinata

1 kg e ½ crauti pronti

2 uova

3 spicchi aglio
1 cipolla grande
1 cucchiaino di paprika dolce
cumino
2 fogli di alloro
30 g burro
20 g olio
sale
pepe

Polpette: Ponete in un recipiente la carne, il riso, le uova, sale, pepe, cumino, aglio e cipolla già soffritte nel burro. Mescolate bene fino a quando il composto risulta compatto. Con le mani bagnate formate delle polpette.

Salsa: Rosolate la cipolla nell'olio, aggiungete la paprika dolce; togliete dal fuoco e disponete, in una pentola alta e larga, uno strato di crauti con il loro sugo e uno strato di polpette, utilizzando tutto il materiale e il liquido dei crauti. Aggiungete la foglia d'alloro e, se necessario, coprite le polpette con acqua. Appoggiate il coperchio sulla pentola e lasciate cuocere a fuoco lento per 30–40 minuti, fino a completa cottura delle polpette.

Valutazione nutrizionale
- Basso apporto di carboidrati
- Elevato apporto di proteine animali
- Elevato apporto di grassi saturi
- Carente in vitamine e sali minerali
- Discreto apporto di fibre

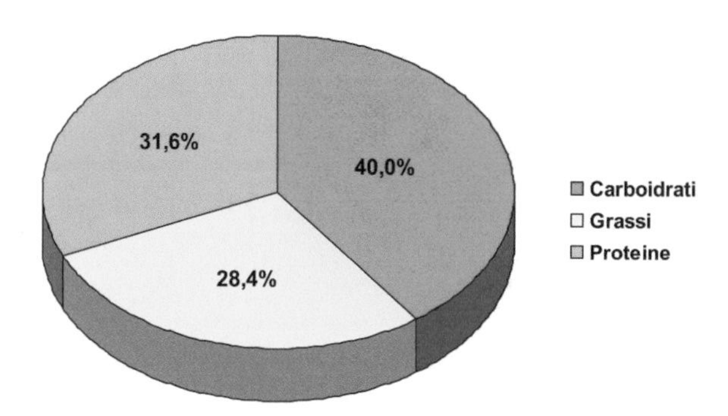

Consiglio
Per migliorare l'equilibrio del piatto si consiglia di finire il pasto con frutta fresca.

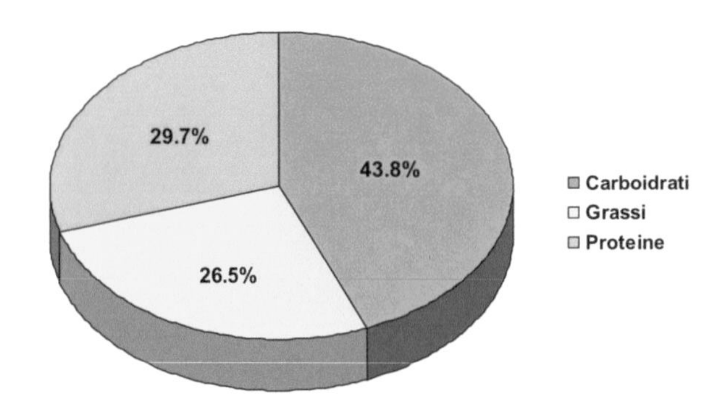

Ingredienti alla lente: crauti

I crauti si preparano dai cavoli cappucci (famiglia delle Crucifere), tagliati a listarelle sottili, salati e fatti fermentare in tini speciali con aggiunta di aromi (semi di cumino, bacche di ginepro) (Fig. 2.8). Il sapore acidulo è dovuto alla fermentazione, durante la quale i fermenti lattici trasformano lo zucchero in acido lattico. I lattobacilli e l'acido lattico riequilibrano la flora intestinale e, grazie all'elevato contenuto in fibre, stimolano le funzioni intestinali. La tecnica di preparazione modifica il profilo organolettico: sono ricchi in vitamine (C, K, B1, B2, PP, acido folico) e sali minerali (calcio, potassio, sodio, magnesio).

Hanno elevata azione antiossidante per la presenza di flavonoidi, polifenoli, derivati solforati, selenio e cromo.

Forniscono le stesse calorie dei cavoli cotti.

Fig. 2.8 Cavolo cappuccio

Emozioni e cibo: la gioia

Violeta, anni 50

Quando penso a questo piatto mi accorgo di sorridere: il mio primo pensiero è di gioia, perché mi ricorda un momento spensierato, di giochi fra bambini, di corse all'aria aperta al sole (in estate) e al freddo (in inverno). In casa non avevamo molti giocattoli e l'attività di noi bambini, fratelli, cugini, amici, consisteva nell'inventarsi qualcosa, nel copiare le attività dei grandi. La mamma mi ha sempre invitato ad aiutarla in cucina come fosse un gioco: apparecchiare una bella tavola, disporre le pietanze nei piatti come fosse un disegno, cucinare con lei per trasformare la materia prima. Nella preparazione delle polpette, spesso, erano coinvolti anche gli altri bambini: sorrido, pensando a come ci siamo divertiti nel preparare le polpette e fare la gara a chi ne preparava di più, a nasconderle sotto i crauti, ad aspettare impazienti che fossero cotte. Nel frattempo, la mamma ci dava da mangiare della verdura che soddisfaceva la nostra fame ma non la nostra golosità: solo dopo tanti anni mi ha confessato che utilizzava questo momento per farci mangiare la verdura che altrimenti avremmo rifiutato.

Non pensavo che questo "brandello di vita passata" potesse influenzare tanto la mia vita presente. Nella mia famiglia, mio marito e i bambini hanno sempre scherzato sull'aspetto della mia tavola e dei miei piatti: un piatto di pasta ben presentato, un fiore sulla tavola anche per un pasto frettoloso di tutti giorni. Arrivano a tavola e commentano: "anche oggi è festa".

2.1.8 Riso "Sarccaraipponkal" (Sri Lanka)

Ingredienti per quattro persone
300 g riso rosso
200 g lenticchie cotte
150 g latte di cocco
3 cucchiai sarccarai (tipo zucchero)
30 g cagiù
1 manciata uvetta secca
2 cucchiai miele nei (tipo burro)
1 cucchiaino elaccai (aroma)
Gli ingredienti citati si possono acquistare nei negozi etnici.

Mettete in una pentola il riso rosso, le lenticchie e fate cuocere a fuoco lento. Quando sono cotti, aggiungete latte di cocco, cagiù, uvetta e saccarai. Dopo 10 minuti aggiungete miele nei ed elaccai, che daranno un profumo caratteristico al piatto.

Valutazione nutrizionale

- Elevato apporto di carboidrati, in particolare zuccheri complessi
- Basso apporto di proteine

❐ Basso apporto di grassi: sono presenti grassi saturi e monoinsaturi
❐ Carenti vitamine e sali minerali

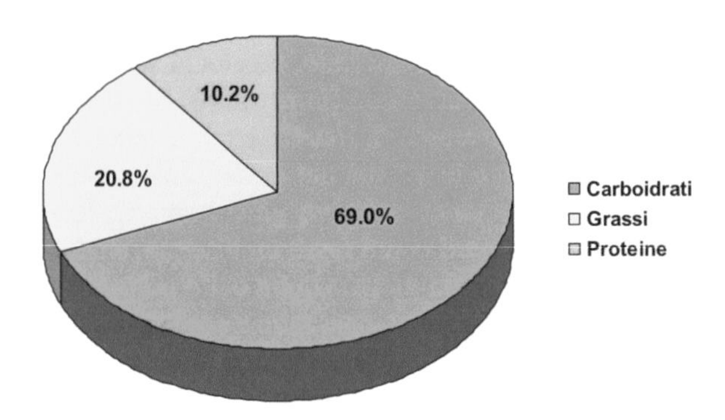

Consiglio
Questo dolce dovrebbe essere servito dopo un piatto ricco in proteine, ad esempio una porzione di pesce con verdura cruda.

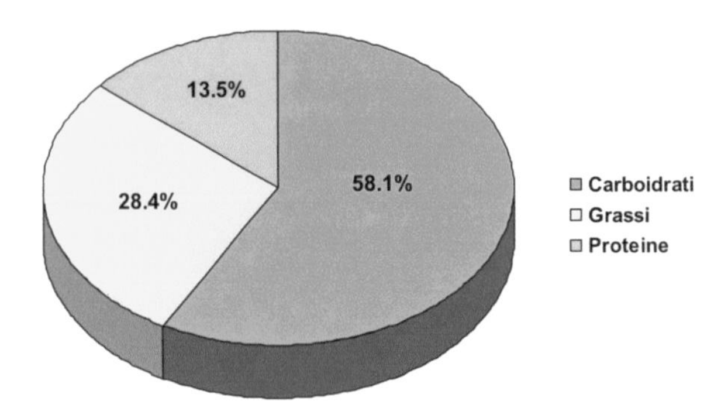

Ingredienti alla lente: riso rosso

Il riso rosso si ottiene dalla fermentazione del comune riso da cucina (Oryza sativa), ad opera di un lievito rosso che ne conferisce il colore (Fig. 2.9).

Contiene amido, acidi grassi, fitosteroli e sostanze antiossidanti.

Viene usato anche come colorante per preparazioni alimentari.

Ha un'attività ipolipidemizzante dovuta alla presenza di monacoline: sono sostanze con struttura simile alle statine (farmaci in grado di ridurre la sintesi di colesterolo) che si formano durante la fermentazione del riso, che sono in grado di abbassare il colesterolo nel sangue.

Viene usato come integratore nutrizionale ma il suo effetto farmacologico può creare, se assunto per tempi lunghi e ad alte dosi, degli effetti collaterali e delle interazioni con altri farmaci: per questo motivo si consiglia di utilizzarlo sotto controllo medico.

Fig. 2.9 Riso rosso

Emozioni e cibo: il ringraziamento
Warathamani, anni 40

Questo piatto è un riso dolce che rappresenta un forte legame con il mio paese natio perché viene preparato, in tutto il mondo da coloro che, come me, hanno lasciato il proprio paese e vogliono ricordare una festa importante. I Tamilarcal festeggiano il "Taipponkal" il 14 o 15 gennaio: alcuni giorni prima acquistano tutti gli ingredienti dei quali avranno bisogno, anche se, molto probabilmente, ne hanno già in casa per la cucina di tutti i giorni. Il "Taipponkal" o "Raittirunal" (festa di gennaio) viene festeggiato come ringraziamento al sole che fa crescere la pianta di riso.

In questo giorno si alzano presto per andare in giardino a occupare uno spazio, lo puliscono con il "sanam" (cacca di mucca), poi con la farina di riso fanno il "colam" (decorazione). In un pezzetto di terra che hanno pulito, mettono 3 sassi e la legna per formare il forno dove cucineranno il riso con il latte: quando il latte comincia a bollire dicono "ponkalo ponka".

Tutti i lavori di casa vengono svolti al mattino presto: quando sorge il sole ringraziano e pregano.

Questo rito mi è rimasto negli occhi e nel cuore, anche se nelle grandi città questo piatto viene preparato in cucina. Oggi vivo in Svizzera ma, in gennaio, ricordiamo questa festa: spesso sono giornate fredde e con neve, ma il nostro cuore si scioglie ringraziando per ciò che abbiamo, rinnovando la speranza di un "futuro al sole" per i nostri figli e per chi ha meno di noi.

2.1.9 Caldo de bolas rellenas (Ecuador)

Ingredienti per otto persone
1 kg carne manzo con osso
4 platano verdi (3 bolliti e 1 grattugiata fine)
1 cipolla
1 pomodoro medio
½ peperone
300 g manioca
300 g fagiolini
2 pannocchie fresche
200 g zucca
3 cucchiai olio
1 manciata coriandolo

Per il ripieno
1 cipolla
½ peperone
3 cucchiai olio
2 cucchiai olio di annatto
2 cucchiai uvette
200 g piselli
1 carota
5 cucchiai pasta o burro di arachidi

Mettete a cucinare la carne e fate bollire la manioca, i fagiolini tagliati a pezzetti, la zucca a pezzetti, il mais fresco. Aggiungete dopo alcuni minuti il soffritto con cipolla, pomodoro e peperoni tritati, il platano e fate bollire finché non avranno una consistenza morbida. Schiacciateli per ridurli ad un purè: aggiungete il platano grattugiato crudo e mescolate fino a ottenere un impasto omogeneo. Aggiungete il colore annatto, preparato soffriggendo l'annatto in polvere con olio che assumerà una colorazione rossa.

Preparate un altro soffritto di cipolla, peperoni, uvette, piselli, carota a cubetti e la crema o burro di arachidi e un poco di carne cotta, bollita e tritata.

Preparate degli gnocchi grandi come il palmo della mano, fate un buco al centro ed aggiungete un poco di ripieno con l'impasto del platano: chiudete lo gnocco facendo attenzione che non fuoriesca il ripieno. Aggiungete al brodo tutti gli gnocchi ripieni e fateli cuocere finché vengono a galla: aggiungete coriandolo fresco tritato e servite caldo.

Valutazione nutrizionale
- ❒ Elevato apporto di grassi (monoinsaturi e polinsaturi)
- ❒ Elevato apporto di proteine animali
- ❒ Basso apporto di carboidrati complessi

❒ Discreto apporto di vitamine e sali minerali
❒ Carente apporto di calcio
❒ Carente apporto di fibre

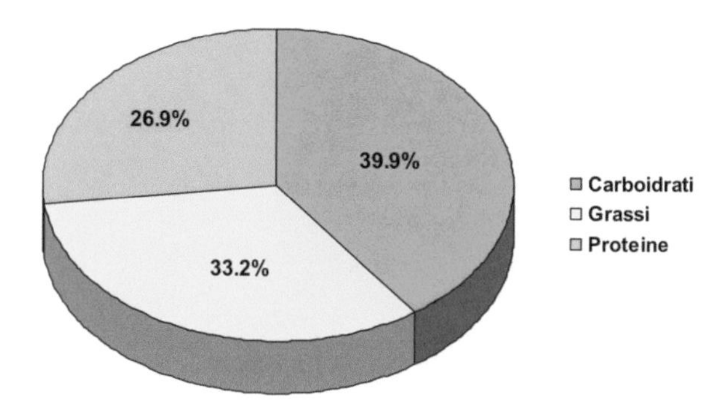

Consiglio
Per migliorare l'equilibrio nutrizionale si consiglia di aggiungere una porzione di frutta.

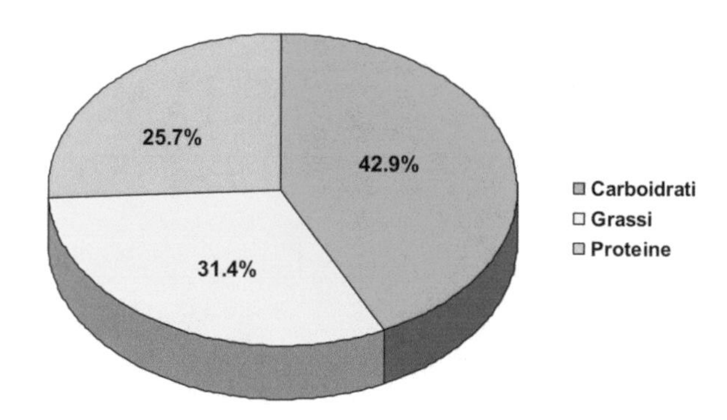

Ingredienti alla lente: platano verde

Il platano verde appartiene alla stessa famiglia della banana, viene coltivata come fosse una verdura: è l'alimento base delle popolazioni tropicali (Fig. 2.10). È usato quando è ancora verde come fosse una patata: si consuma cotto, fritto, bollito, al vapore, ecc.

Il platano ha elevato valore nutrizionale, ricco in fibre e carboidrati: è una fonte importante di potassio, magnesio, vitamine (A, B6, C). La polpa cambia sapore quando la buccia matura da verde (simile alla patata) a nera (simile alla banana): durante la maturazione, l'amido si trasforma in zuccheri e il frutto viene utilizzato per la preparazione dei dolci. Contiene tannino, acido citrico, acido malico, acido ossalico.

Fig. 2.10 Platano verde

Fig. 2.11 Foto di famiglia a Guayaquil

Emozioni e cibo: l'armonia

Nelly, anni 35

Il ricordo di questo piatto è legato agli affetti familiari, al pasto condiviso con le persone a me care. La nonna preparava questa zuppa e ci invitava a mangiare a casa sua. Mi piaceva osservarla cucinare perché non aveva la cucina a gas, che solo pochi potevano permettersi.

Si muoveva velocemente in cucina, chiacchierando, chiedendo di raccontarle la nostra giornata, i nostri pensieri. La sua attenzione era rivolta a noi: sembrava che i suoi gesti, nella preparazione del piatto, seguissero un rito conosciuto e assimilato nel tempo, una danza ballata tante volte.

Il piatto è tipico di Guayaquil, la mia città di origine: la nonna ha insegnato, alla mamma e a noi ragazze, come preparare questa zuppa per mantenere le nostre origini, l'attaccamento al nostro paese, le tradizioni e l'unità della famiglia (Fig. 2.11).

2.1.10 Pasca (Romania)

Ingredienti per otto persone
Impasto
450 g farina
100 g zucchero
buccia di 1 limone
125 g yogurt bianco
1 uovo
150 g burro
1 bustina di lievito per dolci
1 pizzico di sale

Ripieno
300 g ricotta
2 uova
1 cucchiaio di farina
2 cucchiai di semolino
150 g zucchero
1 bustina vanillina
buccia di 1 limone
uva sultanina ammorbidita in acqua

Impasto: Ammorbidite il burro e frullate l'uovo con lo zucchero, lo yogurt, la scorza di limone, un pizzico di sale, la farina e il lievito. Impastate rapidamente fino a ottenere un impasto omogeneo. Dividete la pasta in 2 parti, una più grande dell'altra: con questa preparate due lunghi bastoncini (tipo gnocchi) e intrecciateli, con la seconda parte foderate la tortiera rotonda.
Ripieno: Mescolate la ricotta e lo zucchero, aggiungete i tuorli d'uovo, il semolino, la farina, la vanillina, la buccia di limone grattugiata e l'uvetta. Montate a neve gli albumi e incorporateli mescolando lentamente. Foderate la base di una tortiera con metà dell'impasto e distribuite la ricotta. Coprite con l'impasto rimasto. Lasciate lievitare il dolce fino a quando avrà raddoppiato il

suo volume. Ripiegate i bordi all'interno ed appoggiate, al centro, i due bastoncini a forma di croce e sui bordi, i bastoncini intrecciati. Spennellate il dolce con uovo e latte. Cuocete il dolce per 40 minuti a 180°.

Valutazione nutrizionale

- Buono apporto di carboidrati anche se in gran parte zuccheri semplici
- Basso apporto di proteine
- Elevato apporto di grassi saturi
- Carente apporto di vitamine

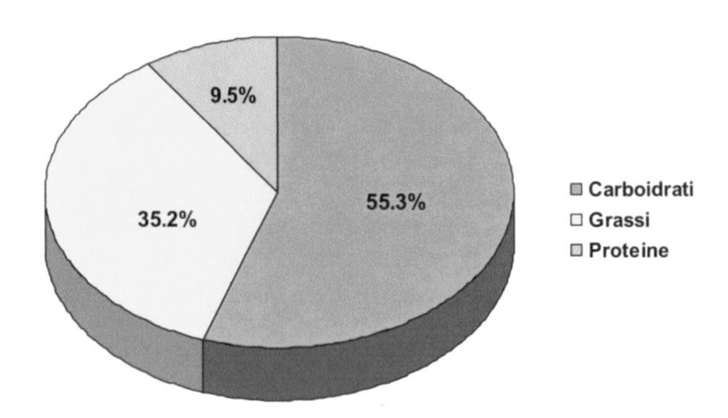

Consiglio

Il dolce proposto risulta equilibrato e andrebbe inserito in un pasto adeguato, nelle giuste quantità. È un dolce tradizionale che viene utilizzato solo in occasione della Pasqua e non consumato frequentemente.

Ingredienti alla lente: uva sultanina

Viene chiamata anche uva passa o uvetta (Fig. 2.12). È una varietà di vite che produce uva senza semi, ricca in zuccheri semplici.

Ha le stesse proprietà dell'uva ma è più calorica perché disidratata, privata del contenuto di acqua. Si usa sia in pasticceria che nelle preparazioni salate, spesso abbinata ai pinoli.

Ha proprietà depurative, disintossicanti, tonificanti: è un alimento energetico per il suo contenuto in zuccheri e viene utilizzato anche dagli sportivi.

Ricca in fibre, viene utilizzata in caso di stitichezza.

È ricca di sali minerali (potassio, fosforo, magnesio, calcio) e vitamine (A, gruppo B, C).

Contiene flavoni e antociani, sostanze ad attività antiossidante.

Fig. 2.12 Uva sultanina

Emozioni e cibo: la rinascita

Michela, anni 34

Questo piatto viene preparato, una volta all'anno, solo per la Pasqua. Per noi, cristiani ortodossi, è la festa più importante dell'anno liturgico, perché la Pasqua rappresenta un "nuovo inizio": la resurrezione coincide con il risveglio della natura, con un rinnovamento dell'uomo.

Le tradizioni sono un forte legame sia per la pratica religiosa che per la famiglia, la natura. Durante la Quaresima tutto sembra assopito in attesa del giorno di Pasqua e durante la settimana Santa, tra i riti e le preghiere, fervono i preparativi.

Il mio pensiero corre alle funzioni religiose per prepararsi alla Pasqua che noi cristiani ortodossi abbiamo mantenuto, alla preparazione del pasto della festa, sempre uguale da quando posso ricordare, alla gioia dei vestiti nuovi (simbolo di purificazione) che mi erano concessi solo in occasione della Pasqua. Nella mia famiglia, ove non vi erano grandi disponibilità economiche, i vestiti venivano ereditati da fratelli maggiori, cugini, amici: per la cerimonia in chiesa, a Pasqua, vi era un rinnovamento completo dello spirito, dell'aspetto fisico, della natura. Ogni anno cambia la data della Pasqua: cade sempre in primavera quando la temperatura diventa più mite e compaiono i primi fiori colorati. Anche i vestiti devono avere i colori della primavera. Le case vengono addobbate con pizzi e stoffe colorate e le donne preparano le uova sode (colorate o decorate) che verranno portate in chiesa, con la Pasca, per la benedizione durante la messa di Pasqua. La torta ha caratteristiche particolari che sono una rappresentazione della Pasqua: la forma circolare (culla di Gesù), una croce al centro (la Crocifissione).

Dopo una settimana di preghiera e penitenza ricordo la gioia della Messa: accendevamo le candele che avremmo dovuto portare a casa senza spegnerle, venivano benedette le uova, la Pasca e altri cibi.

Tutti gli anni desidero rientrare a casa dalla mamma per Pasqua ma quest'anno ci andrò e sarà una festa speciale: ho avuto un bambino due mesi fa e abbiamo deciso (io e il mio compagno) che, dopo Pasqua, verrà battezzato in Romania.

Ah, dimenticavo, lo stesso giorno verrà celebrato anche il nostro "matrimonio".

2.1.11 Involtini in foglie mais (Pellerossa Nordamerica)

Fig. 2.13 Involtino in foglie di mais

Ingredienti per quattro persone
16 foglie secche di pannocchie di mais (Fig. 2.13)
4 cucchiai olio di mais
2 peperoni rossi
200 g funghi
1 cucchiaino di origano
1 cucchiaino polvere di chili
1 cucchiaino sale

Per l'impasto
150 g polenta taragna

150 g farina 00
1 cucchiaino sale
1 uovo
50 g pecorino grattugiato
½ noce moscata grattugiata
2 cucchiai olio mais
1 o 2 cucchiai d'acqua

Mentre preparate la ricetta lasciate inumidire le foglie di mais in acqua tiepida. Mettete in forno i peperoni finché si increspa la pelle, fateli raffreddare, togliete la pellicola e i semi. Tritateli in un frullatore. Tagliate i funghi in piccoli cubetti e rosolateli nell'olio di mais, in una teglia a temperatura media: aggiungete origano, sale e polvere di chili. Mescolate il tutto con la purea di peperoni amalgamando uniformemente.

In una ciotola a parte mescolate polenta e farina a pioggia con l'aiuto di un passino. Aggiungete sale, uovo, pecorino, noce moscata, olio di mais e 1 o 2 cucchiai d'acqua fino a ottenere un impasto consistente uniforme.

Dividete l'impasto ottenuto in 16 palline. Togliete dall'acqua le foglie di mais e lasciatele sgocciolare bene.

Inserite nel concavo in una foglia di mais una pallina dei farinacei schiacciandola dolcemente e cospargetela con un po' d'impasto di funghi e peperoni. Fate aderire una seconda pallina. Coprite il tutto con una seconda foglia di mais e chiudete l'involtino ottenuto con un filo di cotone, sia in basso che in alto.

Disponete verticalmente gli 8 involtini ottenuti in una pentola alta soffocandoli con un panno di cotone pesante abbondantemente inumidito.

Lasciate cuocere a vapore per 35 minuti a fuoco bassissimo.

Valutazione nutrizionale

❒ Basso apporto di carboidrati
❒ Carente apporto di proteine
❒ Elevato apporto di grassi (monoinsaturi polinsaturi)

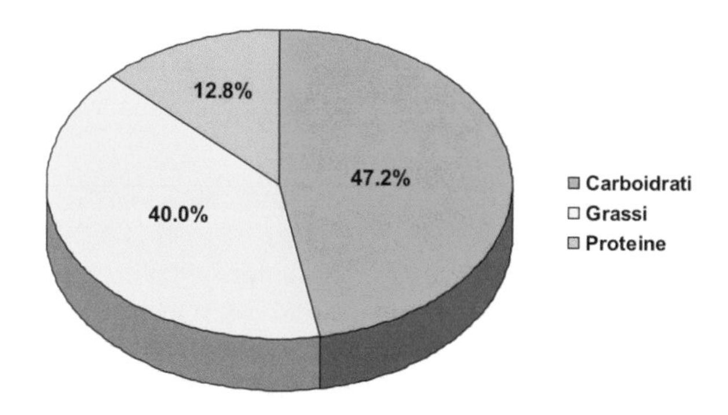

Fig. 2.14 Farina di grano saraceno

Consiglio
Secondo la tradizione, vengono preparati tanti piatti (tipo buffet) che permettono di scegliere come completare il pasto. La scelta dei cibi dovrebbe orientarsi su un piatto ricco in proteine (carne di maiale o di bisonte condita con spezie) e frutta.

Ingredienti alla lente: farina di grano saraceno

Viene considerata un cereale, anche se appartiene alla famiglia delle Poligonacee (Fig. 2.14). È un alimento equilibrato, ricco di ferro e vitamine (B, E).

Nella preparazione dei piatti viene mescolata a farina di mais per ottenere un gusto meno forte.

Contiene aminoacidi essenziali carenti in altri cereali. Si consiglia nel deperimento organico e per mantenere l'elasticità dei tessuti.

Emozioni e cibo: l'amicizia

Christine e Antonio Ferretti

"È stato più di 2 anni a Berlino; mai che mi abbia inviato una specialità tipica della cucina tedesca! Io da qui a spedirgli invece un sacchetto di chili", lo rimproverava Mary. Ray sorrideva. Era il 2002 e toccò a noi spiegarle che, dopo la seconda guerra mondiale, l'Europa non aveva molto di cui andare orgogliosa, neppure culinariamente. "Solo allora Mary capì". Erano trascorsi 50 anni da quando Ray distribuiva cibarie e dolcetti americani paracadutati dal cielo ai berlinesi assediati e affamati.

Fig.2.15 Mary durante la preparazione dei peperoni

Ray Rosetta è nato il 20 dicembre del 1929 nella riserva pellerossa di Santo Domingo (Kewa) nello stato americano del New Mexico. Mary (7 agosto 1930 – 2 febbraio 2005) nella vicina riserva di Santa Clara. Si sono voluti un gran bene fino all'ultimo. Una fredda mattina di fine gennaio 2005 il loro pick-up, guidato dalla figlia Pablita, fu travolto da un camion con rimorchio, il cui autista invece di scalare le marce in seconda per superare una salita, inserì la retromarcia.

Mary e Ray erano un'istituzione nel panorama degli artisti pellerossa degli Stati Uniti. Decine di libri parlano di loro e tra i 19 pueblos-riserve del New Mexico e dell'Arizona erano conosciuti come gli inventori della tecnica heishi per realizzare i gioielli nativi. Pochi, tuttavia, sanno che erano anche soprattutto agricoltori e cuochi eccellenti. Coltivavano personalmente i prodotti tipici nativi di quelle regioni del Sud, recandosi ogni 2–3 giorni nei campi dove sfamavano anche gatti e cani randagi che avevano raccolto da cuccioli.

Tra i loro piatti tipici: le pagnotte che condivano con salvia selvatica e cuocevano nei forni a cupola (hornos), i peperoni ripieni con quadrucci di zucca, fagioli e carne di lepre irrorati di polvere di chili. Nei forni cuocevano spesso un tipo di polenta di mais condita con pomodori rossi e assaporata immancabilmente con polvere di chili: questo piatto ha sfamato generazioni di pellerossa del sud-ovest e oggi pressoché dimenticato dalla pervadenza distruttiva del fast-food.

Christine e Antonio Ferretti hanno conosciuto e condiviso la vita dei Pellerossa del Nordamerica. È nata una grande amicizia che non si limita all'incontro del mese di agosto quando vanno a trovare i loro amici, ma cresce e si mantiene con un grande lavoro che svolgono a casa. Da anni sono impegnati nel far conoscere abitudini, tradizioni di questa popolazione attraverso mostre, divulgazione e ricette (Figg. 2.15, 2.16).

Fig. 2.16 Il riso, i fagioli sono tra gli alimenti più diffusi in tutte le culture del mondo, vero tratto d'unione tra i popoli e primo baluardo contro le carestie e la malnutrizione che ancora imperversa nel mondo. Anche nei momenti e nelle situazioni più difficili il cibo vuol dire condivisione e armonia. E anche incontro di culture diverse, ognuno a suo modo, come indica il cucchiaio nella mano bianca a destra nella foto: nutrirsi "assieme" cioè vivere dello stesso cibo (foto ALG, Tanzania, 2010, grandangolo Leitz 21:3,4 su Canon EOS 5 Mark II)

Fotografie di Aldo Luigi Gaddi (reportage dal Sud Sudan e dalla Tanzania). Si ringrazia Davide Ciulla per l'elaborazione grafica delle immagini, senza postproduzione ma limitata alla tutela della privacy per rendere irriconoscibili i volti. Fotografie degli ingredienti realizzate da Giacomo Introzzi (Como).
I riferimenti fotografici non consentono l'identificazione di persone in quanto generati (in particolare i visi) dal computer. I riferimenti a nomi di persone o luoghi specifici sono stati modificati ad hoc. I riferimenti a paesi e nazioni sono, viceversa, esatti.

Il cibo e le emozioni

3

Raffaele Iavazzo

Il termine "trama" ha il significato di più cose.

La trama, tanto per cominciare, è l'insieme di fili che, ben lavorati tra loro, realizzano un tessuto, è l'intreccio che trasforma il fragile in resistente, la meraviglia che nasconde la singola individualità e la moltiplica per un risultato di effetto, come da sola la povera fibra non avrebbe mai potuto sognare.

Il termine trama, poi, nasconde anche un significato oscuro di qualcosa da cui bisogna guardarsi, come ben sa il mestiere che faccio, ma di questo ora non parlo. Parlo, qui, invece, di trama come struttura narrativa di un racconto che non cessa di stupirci.

Cibo e linguaggio hanno, è evidente, storie tra loro molto intrecciate. La storia del linguaggio è la storia di qualche suono che si è sviluppato all'infinito, un povero suono di minaccia o di paura che ha trovato un'articolazione crescente fino alla parola e al canto. La storia di quel suono è la storia del pensiero, perché senza parola non esiste idea. Penso; ma senza linguaggio, cosa penso? Come comunico a me stesso le idee che vado sviluppando o i sentimenti che mi legano o distanziano dagli altri. Quando il pensiero si fa più esigente e le idee escono dal contingente istintuale, subito si presenta come necessaria, innanzitutto per lo spazio della propria intimità, la parola, il suono che convenzionalmente si riferisce a un unico concetto. Noi siamo in una narrazione immanente, e affidiamo alla comunicazione la speranza che i nostri pensieri si sviluppino e sopravvivano. Con la formulazione delle idee è nata la necessità di comunicarle e di trasmetterle nel tempo e nello spazio. Per questo, la parola è diventata segno. Quello dei segni è uno sviluppo incredibile fino all'elettronica.

R. Iavazzo (✉)
Psichiatra
Disturbi della Condotta Alimentare (DCA)
DSM Azienda Ospedaliera S. Anna
Como
e-mail: iavaraf@hotmail.com

A. V. Gaddi, C. Fragiacomo, R. Iavazzo, *Le culture del cibo*,
DOI: 10.1007/978-88-470-5447-9_3,

Cibo e linguaggio condividono storia e successo e si intersecano sottilmente anche nel rapporto tra destino dell'individuo e destino del gruppo, tra sfera intima e sfera dell'alterità. Cibo e linguaggio insieme, come a dire il francamente materiale e il francamente spirituale, subito accasati, fratelli gemelli di una stessa sorte e, forse, della stessa utilità per farci sopravvivere.

Questa storia così particolare dello sviluppo e del significato li accomuna anche nell'attuale condizione: a fronte della moltiplicazione delle loro possibilità, se ne è persa la consapevolezza, per cui entrambi si ritrovano a condividere diffusione e anonimato, facilità di ritrovamento e scarsa consapevolezza della loro importanza. Oggi siamo tutti consumatori di cibo e di linguaggio, in una maniera utilitarista e ignara. Siamo frequentatori senza coscienza dell'uno e dell'altro, e solo raramente ci fermiamo a considerare la loro intrinseca importanza e bellezza. Non è vero che i cibi hanno perso sapore: è che noi non abbiamo più il tempo di ascoltarli. Ci parlano, giocano con le nostre papille, mentre il nostro pensiero è altrove. Un tempo, lo stomaco si intratteneva con gli odori già in attesa del pranzo, il sapore era perfino allucinato e, quando si mangiava, si tratteneva il cibo, senza interesse a finire subito, e il poco diventava prezioso.

Il cibo ha una lunga storia, che è andata persa solo in apparenza: è dentro il taccuino dell'anima e ne abbiamo accesso solo in particolari condizioni. Ci sono momenti, per esempio quando siamo tornati da qualche viaggio che ci ha tenuti lontani, specie se è stato un viaggio con qualche problema, in cui, sistemate le nostre cose, sentiamo il bisogno di mangiare qualcosa che appartiene alla familiarità della nostra tavola a cui affidiamo il compito di riportarci echi di momenti di vita e di affetti gratificanti. Allora capiamo che tutto si è sedimentato e ne conserviamo traccia indelebile. La mente entra in una stanza dell'intimo in cui si ritrovano situazioni mai dimenticate. È una stanza dell'intimo, ma è molto fisica, una stanza di cui si conoscono gli angoli e gli odori, in cui ogni particolare è vitale, una stanza di cui si riconosce anche la luce, che non è mai brillante, è ricca di ombre deliziose, ombre che danno forza e mettono dentro la voglia di partecipare ad altri questa condizione dell'anima. Spesso rivedi in questa stanza tutte le persone verso cui hai un richiamo di affetto e le senti tutte vicine, e non importa se sono vive o morte; hai la sensazione di essere come un tralcio di una bella vite e fai esperienza dell'invisibile, come a parole non sapresti spiegare. A volte è cibo non cotto, che evoca situazioni tradizionali, come ad esempio un cesto di frutta secca, le scioscie, per un napoletano a Natale. Non si deve credere per distrazione che siano solo generi alimentari. Si deve piuttosto pensare a un nutrimento dello spirito, in senso letterale.

Per capire i sentieri che ha percorso il cibo per penetrare nelle pieghe della nostra anima e della nostra memoria, è opportuno immaginare il momento in cui l'uomo ha scoperto, nella totale monotonia del consumo di quel poco che era attorno a lui e che faticosamente cacciava o raccoglieva, quanto era più buono quel pezzo di carne o di radice caduto fortuitamente sul fuoco, per giunta insaporito dalla cenere, specie se consumato in compagnia. Come lo avrebbe potuto più dimenticare, o anche soltanto evocare senza una particolare salivazione, quando la stagione diventava più fredda e gli alimenti più avari?

È nelle circostanze peggiori che selezioniamo i gesti che ci danno emozioni corroboranti, perché nutriamo la speranza che quelle stesse gioie possano sempre ripetersi in qualche altra circostanza ugualmente da mandare a memoria.

Lentamente, si accumulano esperienze e speranze, molto lentamente; mentre si scambiano doni e competenze e si viene a contatto con usi e costumi non familiari; e si specializzano eventi di solennità e si arricchiscono atmosfere per momenti particolari della vita, come anche della morte, perché l'uomo ha sempre cercato conforto e modi per poterlo dare, visto che ci sono molte tradizioni di riti anche nell'alimentazione in una condizione di lutto.

Non è difficile pensare che, con l'agricoltura e l'allevamento del bestiame, l'alimentazione umana sia fortemente migliorata e si siano sviluppate le occasioni di scambio e di commercio, con tutte le difficoltà di traffico e di conservazione, per cui il cibo era distribuito secondo le stagioni e le feste erano sottolineature particolari di queste opportunità di cibo e di incontri. Questo spiega la particolarità di certe abitudini e la sua capacità di imprimersi come tappa significativa nel pensiero e nel mondo delle emozioni. Non è dissimile la nostra esperienza, anche se oggi il cibo non ha più difficoltà di reperimento e di conservazione.

Mantenere le stesse capacità suggestive e lo stesso linguaggio di un tempo sta solo nelle nostre mani e possiamo garantircelo rispettando i ritmi delle stagioni e la fedeltà proprio a certe tradizioni.

Cibo e linguaggio, importanza del cibo e del linguaggio per il corpo, importanza del cibo e del linguaggio per lo spirito, condividendo la stessa necessità, le stesse regole di quantità e di bontà, di tempi di somministrazione e di dosi, di metabolismo e di esigenze.

Noi sappiamo tutto o quasi tutto delle cellule e dei tessuti, ma non conosciamo i mitocondri dell'animo e della sua energia, noi non sappiamo come funzionano i neuroni dello spirito. Ogni molecola di esperienza si lega a un enzima particolare e giace nelle cellule dell'anima, che rimangono staminali per tutta la vita e siamo in grado di svilupparle ogni volta che le stesse molecole le invocano. Per questo, appena se ne offre l'occasione, ci risulta facile richiamare l'intera esperienza.

Sarà capitato anche voi, almeno una volta, sentendo il profumo del basilico, di ricordarvi di tante buone pietanze di un tempo che fu, a partire da maggio, a conferma dell'estate vicina e con l'estate la fine della scuola, un'altra tappa della nostra crescita, quando del futuro potevamo toccare ogni più piccolo lembo. E allora sapete che si ripresentano puntuali, fratelli e compagni di certe sere, tutti invitati con i loro tipici tratti, come appena lasciati.

Quante volte ci sentiamo stimolati da un semplice "suono" di soffritto, con i suoi odori, e rivediamo i passi di nostra madre che, furtiva, all'alba, quando tutta la casa era ancora avvolta dal sonno, preparava il sugo della domenica.

Con la memoria possiamo riacciuffare ogni atomo odoroso, che attraverso il naso ci riporta situazioni apparentemente dimenticate. Percorriamo velocemente i chilometri dello spirito, e luoghi tanto lontani sono subito raggiunti in quattro secondi di profumo.

Ne *La ricerca del tempo perduto*, Proust fa un racconto dolcissimo e, come spesso succede alla letteratura, anticipa poeticamente quello che la scienza appurerà con molto ritardo rispetto alle sue *madeleine*. È tardi, torna a casa dopo una giornata in cui le cose non sono andate molto bene. Fuori fa freddo, come dentro dunque. La mamma gli offre un tè che non ha molta voglia di prendere, ma si lascia tentare con l'aggiunta di una briciola di un biscotto che gli tocca il gusto. Ma conviene lasciare a lui la parola:

> sentendomi triste per la giornata cupa e la prospettiva di un domani doloroso, portai macchinalmente alle labbra un cucchiaino del tè nel quale avevo lasciato inzuppare un pezzetto della maddalena. Ma nello stesso istante in cui il liquido al quale erano mischiate le briciole del dolce raggiunse il mio palato, io trasalii, attratto da qualcosa di straordinario che accadeva dentro di me. Una deliziosa voluttà mi aveva invaso. Di colpo aveva reso indifferenti le vicissitudini della vita, inoffensivi i suoi disastri, illusoria la sua brevità, agendo nello stesso modo dell'amore, colmandomi di un'essenza preziosa: o meglio, quell'essenza non era dentro di me, IO ero quell'essenza. Avevo smesso di sentirmi mediocre, contingente, mortale. Da dove era potuta giungermi una gioia così potente? Sentivo che era legata al sapore del tè e del dolce, ma lo superava infinitamente. Da dove veniva? È chiaro che la verità che cerco non è lì dentro, ma in me. Depongo la tazza e mi volgo al mio spirito. Tocca a lui trovare la verità... ma mi accorgo della fatica del mio spirito che non riesce; allora lo obbligo a pensare ad altro, a rimettersi in forze prima di un supremo tentativo. Poi, per la seconda volta, fatto il vuoto davanti a lui, gli rimetto innanzi il sapore ancora recente di quella prima sorsata e sento in me il trasalimento di qualcosa che si sposta, che vorrebbe salire, che si è disormeggiato da una grande profondità. All'improvviso il ricordo è davanti a me. Il gusto era quello del pezzetto di maddalena che, la domenica mattina, quando andavo a darle il buongiorno in camera sua, zia Leonia mi offriva dopo averlo inzuppato nel suo infuso di tè[1].

Gusto e memoria, consorti felici con la complicità del naso e dell'ippocampo, come sanno i neurologi. Cibo e memoria, materiale e immateriale, per riportarci fotogrammi che non sono mai uguali, come la fiamma del fuoco, con colori sempre cangianti e che toccano il cuore, come nel pensiero nostalgico.

Come capita a me quando l'aglio soffrigge per qualche secondo di troppo,

[1] Proust M (1978) Alla ricerca del tempo perduto. La strada di Schwann, Parte I. Einaudi, Torino, p. 49

come piaceva alla nonna Antonietta, e mi ricordo della sua vecchia cucina, con lo stipo piccolissimo accanto ai fornelli, appena spostato sulla sinistra, con una piccola porta di legno, senza nessuna pretesa artistica, liscia, con gli assi non bene allineati che consentivano, nell'apparente imperfezione, una provvida circolazione d'aria, con una chiusura semplice, un cuneo dello stesso legno, che andava a immettersi in un gancio a U, semplice ed efficace, che dava immediatamente il segno di una saggezza antica. I ricordi hanno vita autonoma e da un semplice pretesto arrivano dove vogliono. Dall'aglio allo stipo, dallo stipo al ricordo della nonna, che per noi piccoli aveva sempre pronta una sorpresa. In genere era qualcosa di cucinato dalle sue mani. La nonna era abile nell'amministrare una sorta di rito ogni volta che i nipoti riempivano la sua vecchia casa e la facevano un po' sussultare a ogni corsa. Apriva la porticina dello stipo e una gioia inaspettata trovava compimento, quasi un gioco di magia, tanto sproporzionato appariva agli occhi nostri per tutte le cose buone che quello spazio riusciva a conservare.

Il cibo ha un rapporto essenziale con la nostra vita. È indispensabile alla nostra sopravvivenza, e questo è più facilmente intuibile. Quello che è più sottile riguarda le sue relazioni con la nostra storia e con la nostra identità. I modi con cui è entrato nella nostra vita sono delicati e partono da lontano. Hanno a che fare con il nostro territorio, il nostro clima e perfino con il nostro carattere.

Da psichiatra non posso esimermi dal considerare che essi sono il frutto anche di qualche nostra caratteristica personale, quando non francamente patologica, come il disgusto verso certi cibi e le preferenze verso altri agilmente dimostrano. La paura di certe contaminazioni o l'esistenza di certi pregiudizi hanno creato tabù alimentari; altre volte, per escludere certi consumi ha funzionato l'idea che quando si entra in contatto con un determinato cibo se ne assume l'essenza.

Non tutte le cucine hanno lo stesso umore. Alcune sono austere, mirano all'essenziale, sono attente agli ingredienti come a principi attivi. Si capisce che la loro funzione è quella di nutrire, sempre con lo sguardo fisso a quello che fa bene. Nascono con la vocazione al sanitario. Semplici, senza fronzoli, come certi caratteri asciutti e di poche parole, concentrati sul compito e senza altra distrazione, come per consegna religiosa. C'è un amico che, ovunque vada, chiede riso con burro e cotoletta. L'ho visto farlo anche in Andalusia e dire che lì il riso conosce ben altri giochi di insieme e mette d'accordo mare e monti, ed è un'allegria già nella preparazione, un'esplosione di suoni e di colori.

Capire che vie seguono le nostre preferenze è un vero mistero; o forse è un mistero solo se non ci pensiamo e non ci rendiamo conto che ogni interesse ci chiede qualche sacrificio, come capita alle relazioni, che qualche volta sono faticose e siamo tentati di semplificarle per non avere grane, mentre se accettiamo di curarle con qualche rinuncia ci aprono subito alla bellezza dell'incontro.

L'austerità è più comprensibile in certe latitudini del mondo, dove è più difficile reperire un'abbondanza di ingredienti. Ma se non è una questione di umore, si stia certi che un modo per esprimerlo lo si trova. Si pensi, per esempio, al couscous di certe comunità berbere: macine primitive, senza possibilità di farine fini, con mezzi di cottura ridotti all'essenziale. La voglia di allegria la si intuisce già nella preparazione dei grani di semola e nella ritualità di certi gesti che, anche in assenza di altro, già è una festa di fantasia.

Innanzitutto, la fantasia del liquido di cottura, che può essere acqua o anche brodo, e poi la fantasia dei recipienti per la preparazione della semola e per la definitiva cottura. Recipienti che sono un vero piacere per la vista e possono essere metallici o di terracotta, dai colori smaglianti e dalle forme creative.

Per molti, il couscous è una ricetta rapida, ma solo perché da noi si può comprare il precotto. La preparazione del couscous richiede, invece, una lunga lavorazione, che spesso è una grande occasione di socialità.

L'austerità, quindi, è innanzitutto una forma mentale, perché spesso la buona cucina è fatta di poca sostanza, perché la poca sostanza costringe l'ingegno a spremere ogni oncia di sapore, e certe meraviglie di ricette partono spesso da ingredienti poveri, come capita al baccalà portoghese o al quinto quarto della cucina del sud del mondo.

Già l'espressione quinto quarto ci dice della capacità dell'uomo di non arrendersi e di sapersi inventare la bellezza quando meno ce la si aspetti. Quinto quarto, infatti, si riferisce alle interiora degli animali e agli ipotetici scarti della cucina dei ricchi che ancora deliziano la mensa di tanti, vedi la coda alla vaccinara, la trippa e la testina, il soffritto napoletano e lo zampone, la lingua salmistrata e coratella, milza con lo strutto, rognone trifolato e fegato alla cipolla, e possiamo continuare per un lungo indice.

Chi mangia volentieri il maiale sa che spesso la sua carne vuole qualche aiuto, se poi è cotta alla griglia corre pure il rischio di essere stopposa, sicché è opportuno organizzarsi mettendola, per esempio, a marinare in una miscela ben amalgamata di salsa di soia e miele, con l'aggiunta di aglio, sale e pepe per almeno un'ora e mezza, con l'avvertenza di girare le fette ogni tanto per meglio far assorbire il liquido saporito. Cuocere le braciole su una griglia di ghisa ben riscaldata darà un ottimo risultato. Qualcuno suggerisce di aggiungere alla griglia dello zucchero per avere un caramello prezioso, ma non è necessario.

A tavola si fa fatica a credere che l'anonima braciola possa acquisire una tale personalità. Per vedere dove può portare la fantasia si può aggiungere alla pietanza una spruzzata di limone.

Molte cucine sono allegre, vivaci nelle forme e nei colori, basti pensare a tante zeppole e taralli napoletani, con struffoli e sfogliatelle, che richiedono serenità d'animo perché senza buon tempo nessuna cucina può essere adeguata al compito.

Ma è anche vera la direzione inversa: una buona cucina facilita la serenità d'animo e costituisce buon tempo in tante situazioni. Nei corsi di preparazione per le future giovani coppie bisognerebbe spiegare la grande capacità del cibo di essere ruffiano e di saper mettere il suo talento a disposizione delle migliori capacità di mediazione e di riconciliazione. Se le diplomazie della terra sapessero la bontà del suo linguaggio, si avrebbe certamente una maggiore capacità di conciliazione. Non ha bisogno di parole ed è tanto espressivo che fa superare ogni timidezza. È schietto ed essenziale, e parla secondo il linguaggio dell'anima, per questo è tanto eloquente nel dire "mi interessi" o "mi prendo cura di te", e lo capisce chiunque, piccolo o grande che sia, colto o poco istruito, perfino i più sprovveduti, perché è appreso nella preistoria della nostra vita. In principio fu l'uomo che seduceva cacciando, poi furono moltitudini di madri, spose e sorelle a elaborare una lunga teoria di accoglienza, selezionando gesti di grande conforto e intimità.

L'idea dell'accoglienza è molto dissimile in un uomo e in una donna. Nel prendersi cura, la donna porta l'esigenza del particolare, il valore assegnato ai dettagli, al tempo dell'esperienza, all'esigenza individuale, all'atmosfera che prepara alla relazione. Si rimane sempre molto colpiti da questa differenza. In una cena, per esempio, in cui ci sono ospiti, il maschio rischia di offrire da bere a chi è astemio, mentre una donna è capace di evitare di preparare anche il suo piatto preferito perché si ricorda che la tale persona, anche se manca dalla sua casa magari da mesi o da anni, non mangia l'aglio.

Ma il contributo della diversità funziona lo stesso. Il maschio può invitare in un impeto di amicizia, e magari quella è proprio la sera in cui in casa manca il pane, così che questo fa inorridire lei che vuole offrire secondo il gusto dell'accuratezza e del compito. Lui, al momento, sta scegliendo l'importanza dello stare insieme con l'intesa a grossi cenni che fanno gli uomini tra loro, con l'immediatezza della cultura maschile che dice sì quando è sì, e non si fa problemi di rinunciare all'ottimo per amore del bene più accessibile, e trova che la donna realizza uno spreco di energie, inseguendo un mondo di idealità quando una piccola gioia può essere più a portata di mano.

Soltanto col tempo noi uomini impariamo, invece, che quello che riteniamo uno spreco di energie testimonia il valore del tempo interiore, dell'accoglienza dell'altro, e riconosciamo che è questo che dà il senso della sua unicità e lo porta all'esperienza della dimensione spirituale.

Due uomini, nel consumare una bruschetta sul camino, fanno l'intuizione di una comunione che, quando coinvolge due donne, trova subito le parole per comunicare il profondo e per dare visibilità a quello che non è facilmente raggiungibile. Questo ci dice l'importanza dell'atmosfera in cui il cibo è consumato. Se osserviamo chi è ritenuto un buon cuoco, vediamo che la sua prima bravura sta nella disponibilità ad accogliere bene.

Chi dice che non sa cucinare lo fa per celia o per pigrizia, perché per far soffriggere qualche spicchio d'aglio e far cadere in padella una vaschetta di pomodorini freschi, lavati e tagliati in quattro, quando l'olio emette un segnale di fumo, come lo leggerebbe un saggio indiano, non ci vuole, poi, una grande scienza. Per la quantità si può andare a occhio, sapendo che lo spaghetto appena vede il pomodoro, fosse pure qualche pomodoro, non ci vede più dalla gioia. L'aggiunta di peperoncino segue i suggerimenti dei vari commensali.

Ci sono ricette spettacolari anche se chiedono giusto il tempo di preparare la tavola, come capita agli spaghetti alla siciliana. Bisogna veramente provare per credere. Mentre si fa bollire l'acqua per gli spaghetti, in un tegame largo, che poi può essere utile per far saltare gli spaghetti stessi, si fa soffriggere qualche spicchio d'aglio tagliato finemente. Appena l'aglio è biondo si fanno sciogliere due cucchiai di conserva di pomodoro. La conserva si scioglie facilmente all'arrivo di un bicchiere di vino rosso (anche il bianco va bene). A questa semplice operazione segue l'aggiunta di basilico e prezzemolo ben sminuzzati. Quando gli spaghetti sono al dente vengono scolati e fatti saltare nel tegame assieme al buon pecorino romano. Di fronte al ricco sapore degli spaghetti nessuno crederà alla rapidità della ricetta.

Altre volte basta insaporire nell'olio caldo una zucchina, o una melanzana o un pezzo di salmone, un poco di tonno o un peperone arrosto e via dicendo, sfrenando ogni fantasia, perché senza fantasia la cucina è morta. Pensiamo alla fantasia che ha richiesto il rito del ragù: un letto di cipolle, che a fuoco dolce suda in compagnia della carne, meglio se di diversa qualità. Una vera liturgia di odori e di rumori fini. La carne deve soffriggere lentamente e va girata spesso. La pentola di creta, quando la cipolla e la carne hanno acquisito un colore omogeneo tendente al marroncino, si prepara all'arrivo della passata di pomodoro che rimarrà in cottura riflessiva per alcune ore. Un tempo, il tutto avveniva non sul fuoco vivo ma un po' di lato, facendo attenzione che sotto il tegame non mancasse mai un carbone acceso per aiutare il sobbollire calmo. Nel ricordo della ricetta sono stati eliminati tanti particolari che potrebbero invitare a tante discussioni: solo olio o anche un po' di grasso, che lo stesso macellaio aggiungeva al pezzo di manzo, la possibile introduzione di carne di maiale, meglio se costina, la sfumatura col vino della carne rosolata, il modo di preparare la carne.

Mamma metteva la carne sotto forma di involtini, la cui preparazione era un vero esordio di festa: alla carne tagliata a fette si metteva sale, pepe, aglio e prezzemolo per poi arrotolare e fermare con un filo di cotone, ora sostituito da un comodo stecchino. Un tempo aggiungeva l'uva passa e i pinoli. Poi, le preoccupazioni dietetiche hanno costituito un vero assalto alla ricetta, che ora arriva sulla nostra tavola un po' alleggerita, ma mai con meno di tre ore di cottura dolce.

Naturalmente, non c'è solo il ragù napoletano. In tutto il mondo, ricette che richiedano preparazioni per più ore sono molto numerose. Pensiamo ai brasati, ai lessi, ai timballi, alle paste ripiene, polpette e polpettoni. Pensiamo al sartù di riso, alla parmigiana di melanzane. Spesso serve tanto tempo solo per acquisire un solo ingrediente, come succede per la colatura di pesce. Chi dice che il "garum" romano non sarebbe riproponibile ai nostri giorni, perché risulterebbe disgustoso, fa un grosso errore. Se andate nella costiera amalfitana la colatura di pesce, che dal garum è ispirata, è ancora servita e, se ne fate esperienza, vi potete accorgere che è una vera leccornia per condire la pasta o come salsa per pesci e per verdure.

La questione del tempo ci dice che la cucina è un grande laboratorio di psicologia da sempre. Chiunque abbia qualche dimestichezza nella preparazione dei cibi sa che se vuole essere d'aiuto in qualche disagio del cuore o della mente può servirsi proprio di qualche pietanza che sia importante per la persona in pena. E più la pietanza richiede tempo, più diretto è il messaggio che si ha voglia di consegnare. Il tempo delle relazioni deve essere un tempo premuroso. C'è una coscienza di sé e della relazione con gli altri, compresa quella terapeutica, che si attua attraverso una giusta dose di parole e di silenzio. La qualità della parola non risolve il problema della vicinanza, per ritrovare la gioia del sentirsi vicini e di capirsi per intese sottili. Spesso, l'incontro non ha neanche bisogno di parole e diventa un modo di stare insieme senza perdersi, una partecipazione che è fatta solo di esserci, di compagnia.

Il clima di intimità ha mille connotati: la possibilità di un confronto per qualcosa che ci interroga, o il bisogno di conferma per qualche iniziativa che ci vede dubbiosi, o più semplicemente l'occasione di una pausa, di una parola amica che ci incoraggi e che ci faccia prendere respiro, l'opportunità di riconoscersi all'interno di un progetto condiviso, che evochi con incredibile facilità da dove siamo partiti e l'essenziale delle nostre scelte.

I sentimenti sono come i balbuzienti, con la fretta non sanno esprimersi; i tempi dell'anima sono tempi lenti, nella fretta si esprime meglio la rabbia, le emozioni di rottura. Non è un caso che quando ci sono tensioni la cucina è fredda, non trova tempo. È fredda e povera, senza sentimenti, e lo stomaco si adegua.

La cucina, perciò, non è servita solo per sopravvivere. La cucina è una vera arte e ha reclutato i cervelli più creativi. È stata un'arte diffusa in tutto il mondo, e ha sviluppato i suoi doni al freddo e al caldo, ai mari e ai monti, al nord e al sud, in ricchezza e in povertà. Parla idiomi nazionali, ma più volentieri parla il dialetto, con qualche variazione di lessico familiare. Essa è un'arte che fa vivere in tutti i sensi, perché una moltitudine di persone con lei ha trovato fonte di sostentamento e di seduzione, strumenti di competitività ma, soprattutto, strumenti di buon vivere. Per i più sensibili essa ha costituito un modo sapiente di accoglienza e di consolazione. È un'arte che ha saputo ispirare altre muse, come ben insegnano la pittura e la letteratura, quest'ultima specie col teatro.

Il cibo è storia e cultura. È sapienza multiforme. Sapienza per la capacità di procurarcelo, sapienza per l'abilità di trasformarlo e conservarlo. Pensiamo al cibo arrostito, al cibo bollito e a quello affumicato. Quanti tentativi saranno serviti fino alla prelibatezza delle aringhe e dei salmoni affumicati, e per conseguire un risultato come il nostro speck?

Si può capire tutta la sapienza necessaria quando si va al mercato in un paese straniero. Si rimane incantati dall'abbondanza di tante proposte su bancarelle variopinte, mentre dal punto alimentare non si è affatto coinvolti.

Di ogni verdura, si sa, è importante sapere se ci sono parti non commestibili, come si cucina, se ha controindicazioni per qualche sua caratteristica o per un nostro problema. Lo stesso capita per pesci, volatili, rane, mitili. Senza parlare, poi, di alcuni alimenti che ci fanno orrore e che, magari, nel paese ospitante costituiscono vere leccornie, come ad esempio gli insetti nell'estremo oriente. Il cibo è sapienza anche perché coinvolge tanti altri saperi, dalla tecnica per farlo e per trasformarlo, all'organizzazione per distribuirlo e per farlo consumare.

A volte possiamo provare a immaginare di essere in una condizione di precarietà, per geografia, per condizione economica o sociale, per capire che tutto quello che può garantire la nostra sopravvivenza diventa scritto in caratteri cubitali e ha un riverbero psicologico indimenticabile, con uno strascico di buona emozione a ogni richiamo di memoria.

Ecco un punto che sarebbe interessante esplorare: il rapporto tra cibo e memoria, ma anche l'ineluttabile rapporto tra cibo e sensi. I sensi per cercarlo. È doveroso un riconoscimento personale per tanti che hanno migliorato la nostra vita, premendo un acino d'uva per poi portarlo a fermentare, o schiacciando tra due pietre chicchi di grano, facendoli profumare poi al calore di una fiamma.

Ho imparato, ancora ragazzino, la preziosità di quell'insistente curiosità, per cui uomini intraprendenti, non senza pericolo, hanno mangiato per la prima volta il pomodoro o la patata. La bacca rossa, in natura, non è sempre innocua. Immaginiamo fino in fondo la scena. Un uomo curioso vede la bacca rossa e cade in sospetto, ma la bellezza lo aiuta a essere insistente. Forse il profumo della pianta ha dato la spinta decisiva nell'esplorarla e forse è stata una donna. La pianta di pomodoro ha un profumo bello e delicato ed è un vero mistero che non venga venduta come pianta ornamentale. O forse io appartengo a una generazione che ha creduto ai profumi più che al companatico. La mia generazione ha avuto consapevolezza che la storia abbia il compito di non disperdere il suo insegnamento e di non dilapidare il patrimonio ricchissimo di esperienze dei padri, per non impoverire la nostra esistenza.

L'esperienza di ciascuno di noi è come un salvadanaio in cui sono cadute piano piano le mille monete delle osservazioni di tanti uomini, anonimi e spesso geniali, tenaci, coraggiosi, vivi nello spirito, talvolta insaziabilmente osanti, spesso deliziosamente fortunati nelle loro scoperte. E con l'esperienza hanno trasmesso le emozioni ad essa collegate e ne hanno fatto prezioso tesoro. Una colica gassosa fu genialmente risolta col finocchio e fu subito sapere partecipato, così il successo della lattuga cotta per il mal di denti e quello dell'ortensia per le foruncolosi.

Quanta storia, quanto progresso, quanta solidarietà umana, in un rosario lunghissimo di tempo e di emozioni.

Il cibo, si diceva, è linguaggio. Esprime i nostri sentimenti. In un'occasione di gioia sentiamo che deve essere particolare, solenne, abbondante. Se, invece, siamo presi da una pena capiamo che non deve straparlare. La sua preparazione può essere un rito di passaggio e può alludere a momenti significativi della nostra storia. Penso al primo campeggio scout. Agli occhi miei, i compagni appena più grandi che sapevano preparare un primo e un secondo piatto erano modelli eroici, inconsapevoli del loro valore. E quando arrivò finalmente il mio momento mi diede un'emozione che ancora ricordo. Capii che un traguardo importante era giunto per la mia autonomia.

Ci sono ricette che sono rapide non per mancanza di buona volontà. Sono ricette allegre, che sanno cogliere l'effervescenza di un momento, come succede quando si prepara una bruschetta. Sono occasioni colte al volo, spesso l'ispirazione è imprevedibile, come un venticello. Altre volte c'è di mezzo un menù più ricco, come capita ai raduni estivi tra amici in montagna, o nelle serate al mare. In presenza di un camino acceso, l'arrivo imprevisto di una persona cara può far nascere il desiderio di preparare in modo informale una fetta di carne alla brace o un pezzo di salsiccia in cartoccio sotto la cenere, e magari il pensiero va indietro di secoli o millenni e ci si ricorda della nostra storia di caverne e di migrazioni. C'è sempre un bel messaggio in questi impeti culinari che non scomodano grandi ingredienti e si servono del poco. Se invece si ha più tempo, conviene arricchire la carne di opportuni profumi. Provate a salare, a pepare, con l'aggiunta di un po' di paprica dolce o piccante, secondo i desideri, con una pioggia di origano, salvia e rosmarino, meglio se tagliati di fresco e in compagnia dell'aglio. L'aggiunta di olio è garanzia che la carne si farà tenera al punto giusto per il nostro palato.

Non trascuriamo, al contrario, le atmosfere che seguono vere strategie, come in "innocenti evasioni" di Lucio Battisti, con la sensazione di leggera follia, come dice il testo, che colora l'anima con l'immaginazione mentre prepara cuscini, luci, fuoco e champagne, con la voglia di preparare il meglio e la tavola ben imbandita con la pietanza, che consenta di esibire buon gusto, abilità ed esperienza.

L'abilità e l'esperienza sono buone amiche in cucina e suscitano sempre ammirazione. Quando si contatta una persona esperta lo si nota subito. Ogni buona nozione può assurgere a livelli di eccellenza. Persino una semplice aromatizzazione può risultare spettacolare, come capita alla sciantosa per il pesce spada. La sciantosa già è bella nel nome e predispone bene. Invece di aggiungere banalmente degli aromi mentre si cucina del pesce alla brace, si fa amalgamare aceto di vino, olio, aglio, origano, sale, pepe, pestando nel mortaio gli ingredienti solidi. Se si è interessati alle esclamazioni di amici ammirati, col tempo si può imparare ad aggiungere origano fresco, timo, paprica, maggiorana e tutte le spezie che meglio gradite, compreso il rosmarino e la salvia. La quantità deve essere adeguata alla possibilità di mettere su ogni fetta di pesce cotto alla brace un buon cucchiaio al momento di servire.

La cucina è anche istrionica, esibizionista. Quando vogliamo promuoverci, organizziamo un bel pranzo e mettiamo fuori le stoviglie più belle. Come capita ai galà, alle cene aziendali, quando ci sono presentazioni importanti. Tramite il cibo e la sua offerta diciamo qualcosa di noi e qualcosa che riguarda direttamente gli ospiti che attendiamo, per esempio la nostra voglia di piacere loro, di essere amici, ma anche la stima, che può riguardare la loro funzione, le loro persone, le loro famiglie.

Il cibo è superbamente racconto. Certe pietanze ci riportano indietro nel tempo e ritroviamo stagioni della nostra vita in cui andiamo ricercando, nel lento e dolce lavorio della nostalgia, i passi che ci appartennero, e le voci dei nostri cari, ma anche i muri su cui appendemmo le nostre storie e gli umori che ci hanno plasmato; le delizie e le disperazioni sublimate dal tempo e i rimpianti della nostra giovinezza e dei nostri ideali, con la speranza che qualcosa persista. A volte ci capita di ripensare perfino a persone non intime, ma familiari nella nostra infanzia, come certi portinai o persone incontrate regolarmente nelle botteghe che ormai non ci sono più.

Questo succede più frequentemente con le pietanze della festa che ci riportano ricordi ritenuti smarriti per sempre e ci richiamano perfino certi lampioni delle nostre piazze su cui abbiamo conservato gli appunti più delicati del nostro vivere, mentre rivediamo le facce delle persone a cui abbiamo voluto più bene e ripercorriamo le tappe dei nostri incontri, o delle nostre paure, o dei batticuori delle prime volte, le ansie e gioie delle nostre scoperte e l'orgoglio della nostra crescita e del nostro emanciparci.

Qualche volta non è la pietanza a spingerci verso certi ricordi, ma l'atmosfera o certi particolari del luogo, come avviene in qualche osteria di campagna, con gli arredi che riportano gli echi di un'epoca passata, per i disegni delle tovaglie, per l'architettura d'interno, o per l'abbondanza del marmo sui tavoli di cucina.

Conclusioni. In ogni viaggio si varca un confine

4

Paola Gaddi, Fabio Capello

Viaggiare è entrare in una dimensione in cui tutto quello che sai
può essere messo in discussione. Viaggiare è vivere molte vite.
È la consapevolezza che mentre davanti a noi la vita scorre inalterata
lungo i suoi binari, in un altro angolo del pianeta,
qualcuno sta facendo altro, qualcosa di profondamente diverso.

4.1 Giro del mondo in ottanta sapori

In ogni viaggio si varca un confine. Dogane e passaporti sono coinvolti solo in parte, però. È quel limite sottile, fatto di odori che si arrotolano nell'aria, e colori che dipingono le strade. Il richiamo dei passanti distratti, che stringono in mano un incarto, o un bicchiere di plastica. O meglio, il senso sospeso che divide a metà ogni giornata. Quel confine che segna così profondamente culture distanti, è in ogni soglia di ristorante, o in ogni finestra di cucina lasciata aperta nell'ora di pranzo, o in un banco improvvisato che vende cibo preparato là per là.

Il mondo non è solo un mosaico di culture e tradizioni. Di facce scottate dal sole o di costumi brillanti tirati fuori nel giorno di nozze. C'è una radice profonda in ogni angolo del pianeta, che affonda in ogni tavola e si esprime in migliaia di forme. Cibi preparati frettolosamente, per riempirsi lo stomaco, o per spezzare tra un lavoro e un altro. Piatti elaboratissimi che richiedono giorni di preparazione. Trasformazioni alchemiche di materie prime o ingredienti sintetici.

Se il cibo fosse solo nutrizione, per quale ragione le stesse pietanze non dovrebbero trovarsi su ogni tavola del mondo? In fondo il punto di partenza e quello di arrivo è sempre lo stesso. Tuttavia, ogni singola cultura ha trovato e sentito la necessità di personalizzare se stessa anche attraverso quello che mangiava. Non è un caso.

Migliaia di sapori si sono fusi tra loro, nei secoli, creando infinite varietà di preparazioni destinate a diventare il marchio distintivo di città e di popoli.

P. Gaddi (✉)
Mary Immaculate Hospital
Mapourdit
Repubblica del Sud Sudan
e-mail: paola.gaddi@yahoo.it

A. V. Gaddi, C. Fragiacomo, R. Iavazzo, *Le culture del cibo*,
DOI: 10.1007/978-88-470-5447-9_4, © Springer-Verlag Italia 2013

Ricette così importanti da diventare veri e propri tesori: in antichità, sale e spezie potevano valere quanto metalli preziosi. Non solo piatti diversi caratterizzavano etnie e luoghi geografici. Le stesse classi sociali erano caratterizzate da ciò che esse mangiavano. Così, ingredienti ricercati finivano sulle tavole dei ricchi, mentre le classi più umili inventavano piccoli capolavori usando quel poco che avevano a disposizione.

Oggi il mondo è cambiato, e culture e popoli hanno imparato a muoversi e a mescolarsi tra loro. Ma il grande limite, che unisce e diversifica, rimane spesso la cucina. Un luogo in cui è impossibile non esprimere la propria origine, ma non solo. Un solo assaggio, infatti, può rivelare molto della persona che ce lo offre.

La cucina è un diario di viaggio, in fondo.

4.2 Nord America

4.2.1 USA

C'è qualcosa che colpisce negli americani. La nazione del grande sogno, dove tutto sembra possibile e dove per ognuno sembra esistere un posto. Colpisce perché a volte è un marchio distintivo, che contrasta follemente con i fisici scolpiti che cinema e TV ci offrono in continuazione.

Se tutto negli Stati Uniti sembra grande, lo stesso si può dire della sua popolazione. Uomini e donne mastodontici che arrancano sotto il sole si vedono ovunque. Dovrebbe essere un paradosso, visto che molta della ricerca scientifica in campo medico viene da questa nazione, ma basta varcare le soglie di un qualunque fast-food per capire che le cose stanno diversamente. È qui che sono nati, infatti, i fast-food. Spazi conquistati al cemento nelle metropoli, o al deserto se ti spingi a ovest, dove per una manciata di dollari si possono avere vassoi preparati al momento, con cibi che per questo popolo sono vere leccornie. Carne sfrigolante, immersa in salse e formaggio e avvolta nel pane morbido. Patate al cartoccio. Crocchette di pollo.

Qui tutto è fritto. Bollito nell'olio. Consumato di fretta, appunto, perché non c'è mai troppo tempo in un paese che detta il tempo al resto del mondo. Si stacca per pranzo, ma non più di mezz'ora.

Non è diverso se si viaggia. Qui gli orizzonti si allargano sempre, per quanto lontano si vada. Ci si concede così una pausa di pochi secondi, tra tappe interminabili che durano ore. Ma attenzione: il fast-food è solo un aspetto della società americana, uno specchio fedele di un mondo. La cucina è tutt'altra cosa. Lo sa bene ogni famiglia americana per bene, per la quale il barbecue domenicale è una tradizione. E non è qualcosa che può concedersi fretta: la brace va preparata con cura, il legno per il carbone selezionato con attenzione. La carne va messa al momento giusto. Poi girata e cosparsa di salse. Cotta con accurata lentezza, in modo che il grasso si sciolga lentamente, intenerendo la carne e lasciando una crosticina fuori.

Qualcuno disse che non esistono gli americani perché, fatta eccezione per poche sacche di nativi, ogni statunitense è in realtà il miscuglio di qualcosa. Ma c'è molto più di una somma di culture in tutto ciò. Ristoranti etnici o tradizionali qui sono in ogni dove. Ma questo ha poco a che fare con la tradizione. In poco più di due secoli di storia, infatti, questo paese ha creato una sua tradizione. Un simbolo di identità forte, marcato dal tacchino ripieno o dalla torta di zucca del Giorno del Ringraziamento, per esempio, la festa che segna l'inizio dell'identità di una nazione. L'America che fa colazione con pancakes imbevuti di sciroppo d'acero, e dove i bambini pranzano con burro di arachidi su una fetta di toast.

La cucina, dopo tutto, dice esattamente il perché di questa nazione. E lo dice nel suo piatto più tipico, quello che forse più di ogni altro ha fatto il giro del mondo: l'hamburger. Non quello piatto e smorto delle grandi catene di ristorazione. Ma quello autentico, americano appunto, creato ad arte sulla piastra ardente di un locale fumoso. Così informale da dover essere mangiato con le mani. Anche da presidenti e governatori. Accompagnato da montagne di patate, fritte possibilmente, come da tradizione. Buffo, pensando che qui le chiamano *French fries*, come se la patata non venisse proprio dal nuovo mondo.

4.3 Sud America

4.3.1 Brasile

Non è difficile capire lo spirito carioca, se ti attardi una sera di fine settimana sulle spiagge di Rio. Copacabana è un tripudio di colori, ritmati dal suono dell'oceano, in sottofondo, e scandita dai suoni dei complessi dai tanti chioschi, che punteggiano il lungomare di notte.

Le due facce del Brasile sono anche qui. Negli spiedini di gamberi fritti, venduti sulle spiagge da ragazzi ambulanti, o negli spiedi maestosi delle churrascherie, nei locali costosi. Rio è l'anima dell'uomo che si esprime nelle colate di cemento che infettano uno dei paesaggi più belli al mondo. Una crosta che lotta per prendere il posto alla natura selvaggia, che esplode tutto intorno. Ma che in fondo non stona, perché questo è anche il paese delle grandi contraddizioni. Lo avverti in un *salgado* consumato sullo splendore del Pan di Zucchero, il dente di pietra che si eleva al centro del golfo. Addenti lo stuzzichino di pane, ripieno di formaggio fuso, o di gamberi, o prosciutto. Il gusto ti esplode in bocca, nella semplicità di cui è fatto, che pure nasconde tutto un mondo di tradizioni. Qui in città si vendono ovunque. Come paste salate, da consumare all'ora del tè che spesso è anche la cena, se sei abbastanza povero. Ce ne sono di varie forme e con gusti diversi. Bastano pochi spiccioli, se il locale non è troppo decente. Lo butti giù con una *cerveja* ghiacciata, perché a Rio fa caldo anche d'inverno, e aspetti che la fame ti passi, se non hai niente di meglio da fare. Cosa che qui è un controsenso.

Ma lo spirito del Brasile va oltre questo; e non potrebbe non essere così in una nazione grande quasi quanto mezza America. Se decidi di lasciarti alle spalle i grattacieli – e le favelas che si affacciano, aggrappate sui pendii, tra di essi – puoi goderti un vero tocco di tradizione, che si esprime nella forma più tipica di cucina di questo paese, ben nota anche all'estero. Tra tavole imbandite, camerieri impettiti passeggiano con i loro spiedi stretti tra le mani. Ammiccano, quando ti passano davanti, e ti propongono assaggi che non puoi rifiutare. Direttamente dallo spiedo al piatto: fette di carne arrostita, o di pesce grigliato. Il cameriere si accosta, annuncia il taglio di carne che sta per darti, e con rapida maestria poggia lo spiedo sul tavolo per tagliarne grossi pezzi direttamente sul piatto. È quasi una danza. I camerieri si avvicendano tra i tavoli, con tagli via via più pregiati. Tanto che, quando i pezzi forti arrivano, la pancia è già piena, e al massimo ne prendi un assaggio.

C'è sapienza in questo, e tradizione. La condivisione, se vogliamo. Non un piatto ordinato per un singolo cliente, ma una samba di gusti che viaggiano da tavolo a tavolo. È un animo generoso quello brasiliano? Può darsi. Ne sei di certo persuaso, quando abbandoni il locale e ti abbandoni al suono della risacca, che viaggia da lontano, oltre l'immensa vastità dell'Oceano Atlantico.

4.3.2 Argentina

Sono pochi in Sud America i luoghi ricchi di fascino e contraddizioni come l'Argentina. È un aspetto che cogli al suo arrivo: le scritte sui muri, i ritmi dalle tanghere, le enormi arterie urbane. Né l'aria decadente di Santiago, né il colore Andino di La Paz. Buenos Aires è il grigio tetro del cimitero monumentale a Recoleta, dove ancora migliaia di persone rendono omaggio a Evita, ma anche le coloratissime case in lamiera del Boca, sul Caminito. Le luci sfavillanti di Corrientes, ma anche il vagabondare dei *cartoneros* tra i rifiuti a Lavalle.

Basta poco, però, per capire che Buenos Aires è solo una minima porzione di Argentina. Le pampas sconfinate che corrono sino a Nord, verso la pianura del Chaco, o a Ovest per infrangersi sulla Cordigliera. O alla fine del mondo verso Ushuaia, sino ai ghiacci perenni dell'Antartica Argentina. Spazi vastissimi, in cui mandrie quasi selvatiche corrono libere.

Se esiste un piatto nazionale, in Argentina, questo non può che essere il suo *asado*. Carne di vacca cotta alla brace, con l'esperienza minuziosa del gaucho, che oggi è il padre di famiglia. Il momento sospeso che sigilla ogni evento speciale. La perizia con cui a punta di coltello gli uomini incidono la carne sul piatto, sollevandola in succulenti bocconi che accompagnano al pane. Perché il pane per l'Argentino è importante. Non è un caso, una grossa fetta della popolazione qui ha origini italiane. Ma la cucina argentina ha solo pochi dettagli in comune con quella mediterranea. È più figlia di un mondo che è diventato grande in fretta, ma che ancora cerca di capire cosa farà da grande.

È nel senso della festa, infatti. Irrinunciabile anche quando tutto intorno sembra crollare. Teglie infinite di *empanadas* farcite alla maniera di Salta, o con formaggio o all'*araba*. Torte grondanti di *dulce de leche*, meringa o crema di latte. Ma anche la complessa semplicità del *locro*, la zuppa dei gauchos, che esprime tutta l'anima di un paese povero e ricco, fiero e selvaggio.

4.4 Oceania

4.4.1 Australia

Non esiste una nazione al mondo più giovane dell'Australia. Non è nell'età in sé, ma nella sua identità. L'Australia è quel mondo lontano da tutto, il confine estremo di ogni viaggio, che a pensarci bene è invece il centro di ogni cultura. Ma il cuore australiano è antichissimo, invece. Simile a quel deserto di rocce attorno a cui la natura si accalca. Una natura da avvertire sulla pelle, a piedi nudi, come sanno i bambini del Queensland o di Darwin.

La cucina è un'altra cosa. Se chiedi a un australiano qual è il piatto tipico, o un esempio di cucina tradizionale, la risposta ti sorprende. Semplicemente non esiste. Non come la intendiamo noi, per lo meno. Non esistono ristoranti australiani. La cucina è la somma di tanti prodotti. Non molto diverso dalla sua popolazione attuale. Ogni cultura che si è insediata qua, ha portato un pezzo di sé, che ha composto un tassello di quell'enorme mosaico che è oggi l'Australia. Un insieme di puntini che formano un quadro. Come nelle opere d'arte aborigene, bellissime: talmente antiche da sembrare pezzi di arte contemporanea.

Per quanto sudditi di Sua Maestà, gli Australiani hanno portato poco con sé della cucina britannica. La cacciagione avrebbe poco senso, in un mondo in cui esistono animali unici e pochissimi predatori naturali. Il richiamo è più alla cucina mediterranea, italiana soprattutto, ma anche greca, a volte medio orientale. È però la cucina della vicina Asia che fa da padrone nei ristoranti da strada. Cucina indiana, tailandese, cinese, giapponese, coreana. A volte rivisitata, come nei grossi rotoli di sushi venduti come cibo da strada.

Ma è anche di più: nouvelle cousine, cucina stellata, cucina molecolare. L'Australia è il crocevia della nazioni, in fondo, l'unione perfetta tra natura incontaminata, e l'espressione della creatività umana. Un equilibrio che si nota anche osservando la gente. Non c'è traccia qui dei chili di troppo che immancabilmente con gli anni si accumulano su ogni buon cittadino anglosassone. Non lo diresti mai, a guardare le *food court* che popolano i piani terra o interrati di grattacieli o palazzi. La vetrina di ogni cucina presente quaggiù, con un tripudio di fritti, di pizza, di noodle o di curry. A osservare bene, però, spesso la fila è alla cassa dello stand di zuppe e insalate.

Fig. 4.1 Ristorante di lusso nel centro commerciale della baia di Singapore, dove si possono trovare i cibi più raffinati e di diverse origini

4.5 Asia

4.5.1 Singapore

Sulla cartina geografica sembra solo una città incastrata nel cuore della Malesia (Fig. 4.1). E forse per certi versi lo è. Tuttavia, capisci subito che c'è qualcosa di diverso appena metti piede fuori dall'aereo. Non solo il caldo, equatoriale e appiccicoso. Ma nello stesso volto ordinato della città, che è invece un crogiolo di persone.

Se esiste un posto al mondo che può riassumere l'Asia in una sola volta questo è Singapore. Nelle sue enormi sfaccettature, ma anche nell'espressione delle tante culture che popolano questo continente. C'è il quartiere cinese, nel quale odori forti e pungenti colpiscono come bastoni. Schiere di alimenti disidratati che non solleticano il palato, ma l'immaginazione; wok sfrigolanti che scottano verdure saltate, direttamente sulla via, e bancarelle improvvisate che danno via pietanze per due soldi. Una folla brulicante che si assiepa nei banconi di legno delle *food court*, dove piatti noti e meno noti della cucina orientale vengono serviti in scodelle di ceramica. C'è il quartiere indiano, con i suoi colori sgargianti, e le bancarelle che vendono ghirlande. L'odore penetrante del curry e del coriandolo avvolge le strade, trasudando dalla stessa aria che respiri. C'è il quartiere occidentale, dove dai centri commerciali si intravedono le sagome dei granchi, prelibatezza nazionale. C'è lo spazio giapponese, il segno e l'eleganza, il minimalismo culinario che richiede decenni di esperienza e di pratica. C'è la maestosità dell'harbour, contro cui si staglia il celebre skyline, dove rivive la cultura del design: night bar aperti sino a tardi, che offrono per cifre spropositate long drink, finger food e rivisitazioni di pietanze orientali. C'è la foresta sospesa, la fantascientifica trasfigurazione di un film holliwoodiano, dove enormi alberi discoidali svettano nel cielo color marmo. Basta un passo e dal *visitor centre* vengono fuori gli accoppiamenti tra cucine più improbabili: dal fast-food, alla fusion, dall'alta cucina, al giappoasiatico.

Forse è proprio in questo il senso di questa città, così complessa da essere uno stato. Un baluardo euro-americano in un compendio di civiltà orientale.

4.5.2 India

Pensare all'India come a un'unica identità non rende giustizia a un paese che ospita un settimo dell'umanità. Una storia antichissima, stesa su un territorio grande come un continente, vive oggi negli estremi contrasti di questa nazione. La povertà estrema, che si rispecchia nei corpi magrissimi dei bambini che vivono per strada, con uno dei più alti tassi di crescita tecnologica del pianeta. Un mondo in cui in strade inquinate dal traffico ancora passeggiano vacche sacre, e dove dagli angoli dei quartieri si elevano piramidi multiformi di templi intagliati.

Ma è l'odore del curry, dell'incenso, del sandalo quello che ti coglie inaspettato. Tra i colori luccicanti che spiccano dalle bancarelle, nei bracciali, nei batik, nelle icone, nelle statue di legno intagliate; dei con mille braccia e dai volti di animali.

Quello che colpisce, entrando in un ristorante è il doppio menù. Quello normale e quello vegetariano. In una cultura che celebra la vita, sino alla sua totale fusione con il tutto nel nirvana, non stupisce che tantissimi non mangino animali. L'altro aspetto è il contatto viscerale: il cibo raccolto dal piatto con le mani. Gesti metodici e, a loro modo, raffinati. Uomini in cravatta che affondano le dita nel riso e nelle salse. Bocconi di naan appena sfornato intinti in ciotole di erbe saltate. Semisfere di riso circondate da intingoli e curry di carne.

C'è una logica in questa cucina, che come molte cucine asiatiche offre le pietanze già tagliate, pronte in bocconi da addentare. Ma è una logica che ormai sfugge al mondo frenetico degli occidentali, quelli dei pasti al microonde, preconfezionati o surgelati. Se esci in strada, però, li vedi ancora: i torsi scheletrici che ti salutano, il sorriso ritmato dall'incessante ondeggiare del capo, gli occhi di un nero profondo, contro il colore acceso dei sari.

4.5.3 Myanmar

C'è una cosa che colpisce, lasciandosi la Tailandia alle spalle ed entrando in uno dei pochi posti chiusi al mondo esterno rimasti. Non ci sono tracce di

Coca-Cola da queste parti. Quella stessa bevanda che sino a pochi momenti prima eri convinto di poter trovare in qualunque punto di ristoro di ogni angolo del pianeta, non importa quanto lontano fosse da un centro abitato.

In un mondo senza internet e senza cellulari, come era il nostro sino a pochi anni fa, il rosso scintillante dell'etichetta sulla bottiglia sagomata era l'ultimo legame che a volte avevi con la tua realtà. La certezza che casa, comunque, doveva essere là da qualche parte, per quanto lontana. Nella ex-Birmania, però, non c'è posto per ciò che ci si è lasciato alle spalle. Il mondo ha cessato di muoversi dentro questi confini. Ha scelto un altro ritmo, un altro passo. Quello che accade fuori non è importante.

Eppure la sagoma del ristorante dorato, quello che si eleva dal lago, sembrerebbe voler dire tutt'altro. I resti di una nave imperiale usati per divertire i pochi turisti e i diplomatici? Bisogna fare qualche passo più in là. Oltre la Shwedagon, la gigantesca pagoda dorata che si eleva al centro della religione buddista. In ristoranti eleganti e raffinati, piatti tradizionali di pesce e di riso vengono presentati con maestria per una manciata di spiccioli. Il sapore è sublime, circondato dalla freschezza del litchi sciroppato.

Riso e pesce. Frutto del lavoro dell'uomo: di chi vive per coltivare e di chi vive per pescare. Un mondo che si è fermato al medioevo. Che vive di ciò che produce giorno per giorno, o anno per anno. Nella carestia o nell'improbabile abbondanza. Di cui resta il desiderio di un paio di Nike, spaccate e lerce, che i giovani vedono ai tuoi piedi, e per le quali sarebbero disposti a fare qualunque cosa. È qualcosa che resta impresso nella memoria, lasciando il paese. Al pari di quello strano remare sul lago Ingle, o delle migliaia di templi di Bagan.

4.6 Europa

4.6.1 Italia

Non esiste al mondo una cucina come quella italiana. Un'esplosione di sapori, colori, ingredienti di altissima qualità, combinati in ricette che affondano le loro origini in tradizioni secolari. Come il Rinascimento ha costruito uno dei più ricchi patrimoni artistici del pianeta, concentrati in una sottile striscia di terra nel cuore del Mediterraneo, così il gusto per sapori ricercati e prodotti alimentari di nicchia ha creato nel tempo una delle cucine più apprezzate nel mondo.

Non è un caso infatti che non esiste paese in cui non esistono ristoranti italiani o sue imitazioni. È una cucina dalla doppia faccia, quella italiana. Ricercatissima, promotrice in se stessa di quello slow food che si contrappone al ritmo frenetico della vita moderna, ma anche semplicissima, come nelle paste al pomodoro appena scottato, nelle zuppe o nelle focacce, trovando una sua esaltazione nella pizza, forse il piatto più diffuso al mondo.

In fondo è proprio questo il cuore di questa nazione, anche se parlare di cucina italiana è inappropriato: ogni regione, ogni città, ogni singolo paese ha la sua specialità che è unica e diversa, anche quando è solo una rivisitazione di un piatto tradizionale. Di più, ogni angolo ha la sua specialità, il suo prodotto di nicchia, formaggio, verdura, salume, pasta o dolce che sia.

L'Italia è la tradizione dei profumi e sapori del Mediterraneo nella loro forma più naturale, ma allo stesso tempo più complicata. L'olio di oliva, le erbe, i formaggi stagionati; carni rosolate lentamente sulla fiamma; zuppe di pesce e grigliate; dolci di altissima pasticceria, impastati da sapienti massaie. Vini e liquori, in cui sfumature di gusto accompagnano ricette della tradizione. Presentazioni informali con il gusto di sentirsi a casa.

Perché dopotutto è vero: non esiste un posto dove la cucina esprime il senso di una nazione come in Italia.

4.6.2 Svezia

È una doppia natura, quella che si avverte in questo mondo. Le notti infinite d'inverno, che avvolgono di un manto oscuro strade e canali, o il cielo senza stelle d'estate, quando la notte è solo una linea bruna all'orizzonte, pronta a sparire dopo qualche istante. Una realtà trasfigurata, che ricorda quella delle fiabe fantastiche. Una natura che avanza contro ogni contaminazione umana.

Per quanto assurdo possa sembrare a queste latitudini, più vicine a Babbo Natale che alle noci da cocco e alle palme, c'è qualcosa di esotico in tutto questo. È molto di più dei kit di montaggio e delle polpettine surgelate: il rosa del salmone, l'aroma dei frutti di bosco, il senso pungente delle aringhe marinate, la carne di renna, il burro fuso sulle patate. Il gusto di una presentazione raffinata, dove si vede anche il bianco del piatto.

Non ci sono olio e spezie, come più a Sud, nel Mediterraneo. È una filosofia alimentare diversa, che rispecchia un mondo in bilico: tra la bellezza della natura, e le condizioni estreme di un clima freddo e inospitale. In realtà è solo apparenza: tutto è perfettamente bilanciato dal calore delle molte e saporite zuppe a buffet presenti in quasi tutti i ristoranti, o dai tè speziati e dalle tisane dal gusto fruttato e che è costume sorseggiare, non solo al tavolino del bar. Le tazze fumanti, infatti, qui sono una costante. È quasi un rito, consumato comodamente seduti sul divano di casa, ma anche percorrendo i corridoi del Karolinska Instituet, davanti al computer tra colleghi, o mentre si assiste a un meeting di lavoro.

Sono le atmosfere nordiche, in fondo, che rendono questo paese così speciale. Al caldo nei locali, d'inverno. O più in là durante l'anno, quando le giornate si allungano e la primavera sta cominciando. È il desiderio di luce, o forse di rinascita. Ed è allora che puoi vedere gli svedesi sfidare l'aria ancora pungente, sorseggiando cioccolata calda e gustando un pezzo di torta sulla piazza del Nobel. Con una coperta per scaldarli!

4.6.3 Inghilterra

Chiunque è stato a Londra almeno una volta nella vita. Lo si capisce solo a fare un passo nella sua metropolitana: un sistema arterioso che scorre dentro di lei, portando ossigeno in ogni angolo della città. È un flusso di culture, di persone da ogni angolo del pianeta, di accenti diversi e di facce distratte. Si può vivere a Londra una vita e non incontrare nemmeno un britannico. Il crocevia del mondo, il punto di partenza di ogni viaggio.

Fare due passi in centro ha senso. Ci si mischia nelle persone, nei visi rivolti all'insù, verso i suoi palazzi monumentali. Nel colore del ferro di Piccadilly, nei bianchi marmorei di Trafalgar, nel bruno del Parlamento, nel verde di Hyde Park, o nei risvolti dorati di Buckingham Palace.

Concedersi un momento, fermarsi a mangiare è un obbligo. Non solo perché è qua che puoi trovare quei pub dal sapore di campagna, dove mangiare selvaggina incassata in un *pie*, o del *fish and chips* avvolto in carta di giornale. Il tutto annaffiato da birre dense e amare, o cristalline e ghiacciate.

La cucina di ogni nazione, infatti, qui è rappresentata. I fast-food, immancabili, e le grandi catene di ristoranti. Il curry indiano. I buffet *all-you-can-eat* delle cucine asiatiche. La cucina tailandese, dolce e salata. I sushi bar, con l'eleganza giapponese incastrata nel cuore frenetico di Canary Wharf. I locali di *tapas* spagnoli a Greenwich, e la *paella* saltata in enormi padelle a Covent Garden. La cucina greca, saporita e salata, con le salse allo yogurt, gli involtini di foglia di vite, la carne macinata e la feta mischiata nell'insalata. Locali francesi, dalle salse importanti, i cibi grassi e dalle preparazioni elaborate: *foie gras*, *soupe à l'oignon*, *canard à l'orange*. Le brauhaus tedesche, con gli stinchi di maiale, le salsicce bavaresi, i *knödel*, le *bratkartofeln*.

Si potrebbe pensare che a spostarsi di qualche miglio, le cose cambino. Ma nel cuore del paese, c'è sempre meno spazio per le atmosfere vittoriane. La cucina etnica si affianca in ogni momento a quella tradizionale: dalle colazioni abbondanti di uova, funghi, fagioli, toast e pomodori scottati, ai lunch consumati al lavoro, sino alle cene del *tea time*. La cucina di altre culture è presente e si mescola a quella tradizionale. Curry di carne o noodle di riso sono ormai parte della normale alimentazione britannica.

E forse una ragione c'è. Poche civiltà al mondo si sono spinte così lontano in passato, estendendosi in ogni angolo del pianeta, eppure mantenendo vivo e vitale il legame con la patria natia. Paesi lontani che ancora si sentono sudditi di sua maestà. Così, se l'impero nel tempo ha cessato di esistere per lasciare spazio a nuove relazioni tra stati, il cordone che univa mondi così lontani, anche nella cucina, rimane.

4.7 Africa

4.7.1 Egitto

Il Cairo, la città degli dei. Il punto di incontro tra la civiltà millenaria dell'Antico Egitto, con i suoi monumenti spettacolari e i profili affilati, e quella Araba, una cintura che avvolge l'intero Nord Africa. L'aria del deserto soffia sopra la città, che brulica di vita e di traffico. Sino alla striscia lucente del Nilo, che si stacca dal grigio dei palazzi e dal nero dell'asfalto.

Qui il tempo si è dilatato. Lo stacco si avverte tutto nella spianata di Giza, dove improvvisamente il caos cittadino viene lasciato alle spalle. Sembra di saltare in una nuova dimensione, mentre si avverte l'enormità del deserto che da qui si estende sino alle coste del Marocco, migliaia di chilometri più a ovest. In alto, sulla collina, la Grande Piramide. Scendendo verso il basso, la Sfinge, che si stende maestosa verso la città. Antica padrona del tempo. Niente al mondo pare turbarla. Nemmeno il vento del rinnovamento che soffia nell'aria altrimenti immobile di questa città.

A fare due passi nelle strade impolverate, c'è da perdere la testa. Dai bazar, dove stoffe colorate e pezzi di artigianato ti accolgono, incuranti delle trattative in corso tra clienti e mercanti. Gli odori delle spezie, ordinate in cumuli dai colori accesissimi, che chiamano come esche i passanti. Le macellerie all'aperto, dove puoi vedere anche zoccoli di cammello tagliati all'istante. Il pane arabo, appena sfornato, caldo e buonissimo. Gli odori dei cibi speziati. Il riso, le lenticchie, la pasta, mescolati in un piatto semplicissimo e gustoso che vendono solo da queste parti. L'agnello, cotto su un letto di riso. Gli uomini raccolti intorno a un tavolaccio di legno, che sorseggiano tè caldo, davanti a piatti di melanzane saltate, circondati da cucchiai. Tanti quanti sono gli astanti. Il fumo acre della *shisha*, la pipa ad acqua, gorgogliante a ogni aspirata. Uomini grassi come il bruco di Alice, in un paese delle meraviglie in cui nessuno è un sultano. I riflessi delle Mille e una Notte, in piatti di dolci al miele e alle mandorle. Il torrone di sesamo, i bocconcini dolci dalla pasta sfilettata. I fichi maturi, e le spremute di mango. L'*asab*, la spremuta di canna da zucchero, ottenuta all'istante.

Un guazzabuglio di odori e sapori, di spezie e di esseri umani. Ma è già sera, sul Cairo: il sole tramonta sulle piramidi come ha fatto per gli ultimi tremila anni. Solo si sente il richiamo del *Mu'adhdhin*, che nel tramonto chiama alla preghiera serale.

4.7.2 Zimbabwe

Harare è come ti aspetteresti una città del futuro, dopo che eventi eclatanti hanno portato via gli ultimi brandelli di modernità. Per certi versi è come se tutto si fosse fermato agli anni '80, quando gli Inglesi hanno lasciato il paese al termine di una sanguinosa guerra di indipendenza durata anni.

Come parte di questa zona d'Africa, però, la rottura netta tra quartieri neri e quartieri bianchi è evidente. Basta spostarsi di qualche miglio per vedere avamposti di occidente riprodurre il mondo europeo anche da queste parti. Non esiste l'apartheid, qui, ma questo non vuol dire che i locali per bianchi siano frequentati da chiunque: semplicemente sono due economie che vivono parallele tra loro. Solo i pochi professionisti di origine europea possono permettersi con disinvoltura i centri commerciali, i pub, i cinema, le catene di ristoranti occidentali.

Per chi vive nell'altro lato della città, il più grande, la realtà è diversa. Lo si avverte però nel profumo delle panetterie, che propongono a prezzi abbordabili dolci e pane appena sfornato. Non riesci a fare più di due passi, però, senza dar via metà di ciò che hai comprato a bambini sorridenti che ti circondano affamati.

Per contro, se ti invitano a pranzo non sono molte le varietà culinarie su cui puoi contate. La *sadza*, la polenta di mais, che viene servita con intingoli, con improbabile pesce essiccato o con fagioli in umido. Giusto per non cambiare. C'è il riso; a volte il pollo. Bruchi abbrustoliti, se si è fortunati.

Il gusto per la cucina, tuttavia, è presente. Forse di influenza occidentale, panificati e dolci vengono sfornati da sapienti massaie, che poi ne approfittano per venderli per guadagnare qualche soldo per tirare avanti. L'influenza occidentale, del resto, è forte ed evidente. Nei piccoli market si trova di tutto, prodotti locali o importati. Nei mercatini al centro della città, frutta e verdura vengono venduti a prezzi abbordabili. C'è da contrattare, ma poi si può tornare a casa soddisfatti.

Forse si intravede qui proprio il nuovo volto dell'Africa, però. Un mondo che non è più quello di un tempo, a volte infettato dai vizi dell'occidente, o spinto in avanti verso nuove prospettive, prima mai immaginate. Un mondo fortemente ancorato al passato, ma che lentamente cerca di sbirciare anche avanti. In fondo è quello che pensi, dopo, quando prima di partire affondi i tuoi denti in un pezzo di pizza fumante.

4.7.3 Repubblica del Sud del Sudan

Che questo paese sia nato da pochissimo tempo lo si capisce non solo dai trattati di indipendenza che hanno sancito la fine di una guerra durata per oltre cinquant'anni (Fig. 4.2). Staccatosi dalla pesante appendice del Nord, di cultura araba, questo paese è ancorato a un mondo che per certi versi non ha mai superato la preistoria.

Fig. 4.2 Mercato di Mapuordit, in Sud Sudan, dove si trovano solo prodotti provenienti dalla raccolta o da un'agricoltura primitiva

Lo si coglie dalla totale assenza di infrastrutture, sin dalla pista in terra battuta che ti accoglie all'atterraggio, a Rumbek, sul traballante monoelica che ti ha portato là da Nairobi. È la faccia dell'Africa più autentica quella che ti trovi davanti. L'Africa così come te la immagini.

Mentre lasci la città, un conglomerato di prefabbricati e capanne di fango, vedi la savana che ti si chiude intorno, solcata da piste che via via diventano sempre più incostanti. A volte appena immaginate. Non ci sarebbe quasi segno di presenza dell'uomo, se non nei villaggi isolati che ogni tanto ti si aprono davanti. Bambini nudi che corrono felici verso i fuoristrada, gridando a pieni polmoni *Kawaja*, *Kawaja*, uomo bianco.

Arrivare a destinazione è come capire perché in passato certe dinamiche erano così importanti. Un mondo in cui non esistono supermercati. Dove sono sacchi con materie prime quelli che si trovano negli improbabili mercati. Dove i villaggi principali sono centri di commercio dove trovare i pochi prodotti industriali che vengono dalla vicina Uganda. Dove un ristorante è un capanna più grande delle altre, nella quale una cuoca improvvisata cuoce sulla fiamma viva impasti di pane, fagioli e, se è giornata, pollo o carne. Dove pesci essiccati espandono i loro miasmi lungo i mercati. Dove la polenta di mais, così come in quasi tutta l'Africa Sub Sahariana, è l'unico vero alimento della giornata.

Non c'è frutta, né verdura nei banchi del mercato. Se è giornata, qualcuno seduto a terra vende qualcosa adagiata in piccoli cumuli su teli di stoffa.

Altrimenti sono solo fagioli secchi, riso, zucchero, farina. Forse uova, ma devi andarle a cercare.

È un mondo in cui la cucina è sopravvivenza. Il cibo spogliato di ogni altra valenza, il riempirsi la pancia. Lo capisci nei giorni di festa, quando le poche pietanze che compongono la tradizione culinaria locale vengono preparati. Le focacce o le sfoglie di pane, la carne in umido, pietanza improbabile in una cultura in cui le mucche sono solo moneta e merce di scambio, il pollo in umido, il riso, i fagioli, forse qualche lenticchia se è giornata. Niente dolci. Amano lo zucchero, messo in quantità improponibile in ogni bevanda. Ma niente dolci.

È forse questo lo specchio di una cultura? Un mondo che non ha sviluppato una propria cucina, delle ricette proprie che ne descrivano la sua identità, al pari dei costumi, dei monili o delle danze tribali. È il segnale di qualcosa, senza dubbio. Di una realtà che è ancora ancorata a un passato in cui mangiare era solo il mezzo per vivere: il cibo come carburante, spogliato di ogni altra valenza, per quello che può contare.

Lo capisci ancora alle feste, quando in pochi minuti, e in silenzio, le pietanze vengono consumate, mischiate tutte tra loro, in palle di cibo formate con destrezza con rapidi movimenti delle mani. Ci si riempie la pancia, velocemente, il più che si può, poi si pensa al resto: a cantare, a parlare, a danzare. Per quanto elaborata possa essere la festa, poi, riso e fagioli non devono mancare. Anche se è il cibo che si consuma ogni giorno, due volte al giorno, in un monotono rituale.

Non esiste al mondo un solo posto che possa rassomigliarsi al Sud Sudan. Forse è ancora l'autentica rappresentazione di come eravamo. La genuina rappresentazione dell'essenza dell'uomo. Il suo cuore istintivo che, per quanto possa apparire improbabile, vive ancora dentro ognuno di noi. Per ricordarci quello che siamo, da dove proveniamo e dove stiamo andando.

Finito di stampare nel mese di luglio 2013

Printed in the United States
By Bookmasters